曹永梅——著

情绪勒索

北京日报出版社

图书在版编目（CIP）数据

情绪勒索 / 曹永梅著 . -- 北京 : 北京日报出版社，2025. 1. -- ISBN 978-7-5477-5062-9

Ⅰ . B842.6-49

中国国家版本馆 CIP 数据核字第 2024AE5241 号

情绪勒索

出版发行：	北京日报出版社
地　　址：	北京市东城区东单三条 8-16 号东方广场东配楼四层
邮　　编：	100005
电　　话：	发行部：（010）65255876
	总编室：（010）65252135
印　　刷：	三河市刚利印务有限公司
经　　销：	各地新华书店
版　　次：	2025 年 1 月第 1 版
	2025 年 1 月第 1 次印刷
开　　本：	920 毫米 ×1260 毫米　1/16
印　　张：	12.25
字　　数：	160 千字
定　　价：	42.00 元

版权所有，侵权必究，未经许可，不得转载

前言
preface

这个世界最不缺的是要求你、期待你的人,假如你有让别人失望的勇气,那么你将获得自由的契机。

很多人常常活在害怕关系破裂的恐惧中,不敢直接拒绝他人的要求,尤其是面对那些和自己有亲密关系的人,如相爱多年的恋人、有养育之恩的父母、未成年的孩子、来往密切的亲戚、交情深厚的朋友、不苟言笑的上司、团队中的工作伙伴……我们有意无意地被他们的情绪绑架,无法理直气壮地说一句"不"。

我们知道,一旦拒绝了他们的要求,那等待我们的可能是威胁、施压、打击、沉默、哭闹等负面情绪,这样的后果会让我们产生罪恶感、恐惧感、挫折感等多重感受。

至此,亲密关系中的情绪勒索便在不知不觉间形成。对方是情绪勒索者,而我们是情绪被勒索者;对方是掌控者,而我们是被掌控者;对方是受益者,而我们是受害者。

"我这辈子为你当牛做马,你怎么忍心让我失望?"

"妈，同学们都买了××手机，上网课感觉非常棒，我也要买一个。"

"你真小气，连这点儿忙都不愿意帮我。"

"如果你敢回公司加班，我们就分手。"

"我看你潜力不错，才让你多做一点儿事，培养你。别忘了，你还在试用期。"

……………

在耳边响起的这些话，仿佛一把铁钳，缓缓箍住我们的喉咙；又像一条绳索，慢慢勒紧我们的脖子，让我们感到窒息，无法呼吸。就像一位心理学专家所说的那样，"身为情绪勒索的一方，定义了何为情感，定义了何为正确，然后去质疑对方，为何去破坏这份情感，为什么不按照他说的做"。

在情绪勒索者的持续逼迫下，我们愤怒、焦虑、痛苦或者沮丧，陷入自我谴责和自我怀疑中，不自觉地将对方的行为合理化。

如果我们没有守好心理边界，那就意味着失去了构建健康关系所需的空间和距离。在被操控、被胁迫的过程中，我们犹如被一把隐形的刀挟持着，所有的活力与希望被一点一点切割。

当你的情绪被操控时，这本《情绪勒索》可以为你松绑！书中通俗易懂地为大家解答了什么是情绪勒索，准确地剖析了情绪勒索互动的全貌。通过阅读本书，大家可以清楚地认识到情绪勒索者的人格特质、性格成因及各种勒索伎俩。

书中还介绍了情绪勒索者设置的重重机关、种种手段，以及被情绪勒索时去化解、去破局的实用方法，目的是帮助大家构建稳定的情绪内核，拒绝情绪勒索的伤害，过上界限清晰的人生。

希望大家读懂、悟透、会用这本《情绪勒索》，在与人相处时好好地爱自己，过轻松的人生，不再被情绪勒索！

目录
content

第一章 情绪勒索：以"爱"之名操控

关于情绪勒索，你需要懂得的　　003

读懂情绪勒索的四种形态　　007

认清情绪勒索的六个步骤　　012

亲密关系中的情绪勒索有多可怕　　018

阅读提示：这十种情绪勒索，你中招了吗？　　022

第二章 警惕各种关系中的情绪勒索，守好心理边界

不要拿养育之恩绑架孩子　　027

打破"不顺即不孝"的道德枷锁　　031

勇敢地对职场情绪勒索说"不"　　035

以分手相要挟，结果往往适得其反　　038

这几种"毒友谊"，比没朋友更可怕　　041

拒绝亲情绑架，远离没有边界感的亲戚　　045

阅读提示：几个妙招，化解各种关系中的情绪勒索　　047

第三章　盘点情绪勒索者的心理成因

越没有安全感的人，越容易情感霸凌　　053

关心过度，往往是控制型人格的表现　　057

以自我为中心者爱上演"霸道"戏码　　059

情绪勒索来源于对失败的深层恐惧　　062

一味操控，其实是完美主义在作祟　　065

勒索者想把亏欠的感觉补偿回来　　070

与斤斤计较的人相处是一种灾难　　073

阅读提示：这些常用话术可以帮助情绪勒索者自查　　077

第四章　情绪勒索的四大杀器，需善于躲避

利用你的恐惧感：量身定制一套方案　　081

借助你的责任感：索取有偿回报　　084

引发你的罪恶感：达到一定目的　　086

剥夺你的安全感：越软弱越打击　　089

阅读提示：识破情绪勒索操控伎俩，建立稳定的

　　　　　精神内核　　092

第五章　具备这几种特质，很容易沦为他人的提线木偶

极度渴望爱的人总会"饥不择食"　　097

低价值感的人更容易被人情绪勒索　　100

"好学生心态"无法破解情绪勒索的困局　　104
太善解人意，是对自己的残忍　　106
认知层次越低，越容易被情绪勒索　　109
过度依赖他人是一场灾难　　112
阅读提示：丢掉五种心态，就不会被别人
　　　　　情绪勒索　　115

第六章　识别情绪勒索的伎俩，实现自我保护
善用"自我牺牲"来绑架你的情绪　　121
用二分法给受害者贴负面标签　　124
操控者的惯用伎俩：消极对比　　127
直接否定，让你陷入自我怀疑　　130
理直气壮地把过错推卸给你　　133
阅读提示：使用这些技巧，摆脱他人的情绪控制　　135

第七章　接纳自我，把自己当回事儿
重视自己的需求和感受　　139
对自己说"我很重要"　　142
接纳自己的局限和不足　　145
阅读提示：重建自信，轻松摆脱情绪勒索　　148

第八章　认知觉醒，应对人际关系中的软暴力

卸下责任感，无须对别人的不快负责　　　　155

不将就自己，不讨好别人　　　　　　　　　158

敢于直面冲突，逃避只会令自己遍体鳞伤　　161

在尊重自己和理解别人之间找到平衡　　　　164

明确责任归属，拒绝道德绑架　　　　　　　167

保持独立，才能避开情绪勒索的陷阱　　　　170

阅读提示：掌握拒绝的技巧，让你不再被

情绪勒索　　　　　　　　　　　　　　174

结语：SOS 策略摆脱情绪勒索

第一章

情绪勒索：
以"爱"之名操控

他人的目光是囚笼，
我们没有被它禁闭的理由。

——梁文道

情绪勒索，是一种操纵他人的手段。勒索者打着"爱"的旗号，"绑架"受害者，满足自己的要求，盘剥他人的利益。

关于情绪勒索，你需要懂得的

在现实生活中，你是不是经常能听到这样的话：

"我这辈子为你当牛做马，你怎么忍心让我失望？"

"妈，同学们都买××手机，上网课感觉非常棒，我也要买一个。"

"你真小气，连这点儿忙都不愿意帮我。"

"如果你敢回公司加班，我们就分手。"

"我看你潜力不错，才让你多做一点儿事，培养你。别忘了，你还在试用期。"

…………

上面这些话乍听上去似乎没什么，但仔细品读，就会令人产生一种糟糕的感觉，一股愧疚感、自责感和挫败感涌上心头，禁不住想"我实在是太自私了""我做人怎么能这么小气呢""我实在是太失败了"，可你明明不是自私、小气的人呀！为什么在别人的三言两语之下就给自己贴上这样的标签呢？为什么就失去了"为自己做主"的自由和权利呢？

听到这样的话语时，你需要明白，自己正在遭受情绪勒索。

用美国一位心理治疗师的话说，"情绪勒索是关系中一方利用另一方的恐惧感、责任感、罪恶感控制对方，满足自己的需求"。

情绪勒索一般发生在亲密关系之间，勒索者可能是你的父母、长辈，也可能是你的爱人、孩子，还有可能是你的亲戚、朋友、闺密，甚至领导、同事、下属。

因为关系过于亲密，所以很少有人把这种不好的体验和情绪勒索联系在一起。在普通人的认知里，"勒索"这个词意味着犯罪，意味着敲诈，意味着邪恶。所以大家根本不会把这个负面词往与自己关系亲密的人身上想，更何况勒索者平日里对自己还非常好，一粥一饭的养育之恩、缱绻旖旎的夫妻之爱、情同手足的兄弟之情、形影不离的闺密之谊……在这样的情况下，被勒索者怎么会把一个平日里照顾自己、爱护自己、对自己很好的人跟电影里的勒索犯联系在一起呢？

可事实上，当这些"勒索"的话从他们的口中说出时，伤害就已经在不知不觉间形成了。当你被一些直接或者间接的手段，如要求、威胁、施压、沉迷等裹挟时，你会有一种深深的挫败感、罪恶感、恐惧感……为了减轻内心的不适感，你甚至会违背自我意愿，牺牲自己的利益，去满足他人的需求。

尽管此时我们的内心充斥着不快，为不能左右自己所有的决定而感到苦恼、不满，但是很多人的心里却认为这种摩擦是双方不良的沟通导致的，如认为"或许我们的理念不合""他可能太理性了吧"……你可以贴心地为你们之间的深情厚谊找理由，但是内心的不快却是真实存在的，这种感觉骗不了人。实际上，当对方利用你的恐惧，使用威胁、冷暴力等手段迫使你顺从他们的意志时，这段亲密关系就已经被笼罩上了一些消极特质，而"情绪勒索"这个词虽然尖锐，却也一针见血地揭示了这个现象的本质。

如果被勒索者不想被人无故贴上"自私自利""不近人情""一毛不拔"等负面标签，就要正视"情绪勒索"这个概念，重新检视自己与亲密之人的关系，合理质疑：他真的在乎我吗？他是故意的吗？他真的为了自己的利益，不顾我的感受吗？以后遇到类似的状况，我是否愿意为了让他满意，继续做出牺牲？

当你发现自己处于情绪勒索的环境中时，最好先离开争执的现场，在安静的环境中冷静地思考上面这些问题，然后分析问题到底出在谁身上：是你自己真的自私、不大方、不孝顺，还是不能满足他们的需求而被贴上这样的标签？当你分辨清楚感情和现实时，就不会陷入自我怀疑之中了。

另外，我们也要关注自己的感受，不能一味妥协退让。当别人因为某种需求向你施压、威胁时，要多反问自己"为什么",如:"为什么我需要这样做?""我难道有这样的责任和义务吗?"如果没有,那就不要委屈自己,要坚守底线,这样才不至于让自己因陷入情感内耗而痛苦不已。

  对于勒索者而言,也许刚开始的时候,他并不是有意识地进行情绪勒索,只是在捍卫自己的权益,没有意识到对方的感受和需求。但当他的需求得不到满足时,他便会陷入一种深深的不安和恐惧之中,为了得偿所愿,他就会不择手段,甚至利用亲密关系胁迫对方让步。这种行为看起来义正词严,其实缺乏边界感。对此,勒索者要反思自己的行为,冷静下来,寻求正确的解决机制,尝试弥补给对方造成的伤害,这样才有利于一段亲密关系长久地维持下去。

读懂情绪勒索的四种形态

在一段存在情绪勒索的关系里，每个勒索者都有自己的期待。为了满足自己的期待，勒索者会以不同的形式、不同的语言胁迫受害者。勒索者不管用什么样的方式对待受害者，其行为的本质都是勒索。下面总结出情绪勒索的四种常见形态，以便帮助大家更好地识别情绪勒索，并尽早摆脱。

第一，施暴者。

通常来说，施暴者被分为两个类型：一个是积极施暴者，另外一个是消极施暴者。积极施暴的人态度很明显，他很清楚地告诉对方自己的需求，并让对方明白忤逆自己的后果。比如："如果你再不删除手机里所有女性的联系方式，我就跟你分手。""如果你非要嫁给那个男孩，那我们以后就不认你这个女儿了。""如果你不想加班，那以后升职加薪就没有你的份儿。"

这类施暴者会直截了当地表达自己的不满，语气明显带着威胁的意味，想要通过这种方式迫使对方同意他们的想法。

消极的施暴者则不会发脾气或直接威胁对方，而是采用沉默的方式，使用冷暴力。这类施暴者只要不如意，就通过冷淡、轻视、疏远和漠不关心等行为，与对方进行对抗，这种行为虽然没有对他人的肉体产生伤害，但是精神层面的伤害也会让人痛苦不已，这种冷冰冰的、一言不发的态度会令人窒息，很多人因受不了而选择缴械投降。

第二，自虐者。

对于孩童的自虐，我们并不陌生，如他们常常和父母大喊："你要是不让我看电视，我就不吃饭了！""你要是不让我出去玩，我就不穿衣服，冻死自己。"成人的自虐则显得更加复杂和可怕，尤其是一些性格极端的人，不像孩童那般，威胁的话里有吓唬的成分，他们的自虐行为是不打折扣的。

有一名男子因为接受不了女友分手的事实，选择在宾馆自残。在选择自残之前，他特意跑到女友老家寻找女友，以求挽回。寻找无果后，他给女友频发信息，遭到无视后，他便选择在宾馆进行自残，以期挽回女友的心。好在民警及时赶到，及时将他送到医院救治。

这类自虐者一般来自糟糕的原生家庭，他们缺乏爱和安全感，也无法用正常的表达方式与他人交流。他人一旦不按照他们的要求去做，他们就感觉很沮丧，甚至连活下去的勇气都没有了。为了迫使对方让步，他们通常采用自虐的方式，如不吃饭、不穿衣服、不睡觉、不吃药等，有的甚至用利器自残。总之，这些自虐者通常带着某种自虐的快感，沾沾自喜地迫使对方满足自己的要求。

第三，悲情者。

相比于施暴者和自虐者，悲情者看起来柔柔弱弱的，似乎没有什么危险性，但实际上这类勒索者也很让人头疼，他们虽然不会用激烈的手段，但是他们会将沉默、沮丧、眼泪等当作自己的武器，把自己包装成一个受害者，给人一种"他不高兴，是对方的错"的错觉。而对方为了抚平内心的愧疚，往往会被迫顺从勒索者的意愿。另外，这类勒索者还善于用语言凸显自己的伟大，如"都怪我没用，没能给你……，不然……"用哀怨的眼神和语气凸显自己的无私和伟大，以此让对方心生愧疚，同时激发对方的保护欲，从而促使对方让步。

第四，引诱者。

这类勒索者刚开始的时候想尽办法对对方好，好到允诺一切关于爱、金钱或事业升迁的要求，不断给对方营造美好的假象，等到对方处于无法拒绝并贪求好处的时候，他们就提出自己的要求，如果对方不顺从他们的要求就什么也得不到。这种欲擒故纵的勒索大多出现在情侣或是上下级之间。我们一定要警惕这种"画大饼"式的承诺，以免自己掉进情绪勒索的陷阱而无法脱身。

苏芹离异后独自抚养孩子，生活的压力和带娃的不易让她身心俱疲，她特别渴望有一个依靠。恰好这时，章强出现了。章强的出现就像一道光，照亮了苏芹的生活。在日常生活中，他经常对苏芹嘘寒问暖，制造各种浪漫。最终，在章强感人的求婚仪式中，苏芹毫不犹豫地答应了他的求婚。

可苏芹婚后的生活并不如意，章强突然变成了另外一个人。他一改以前勤快、细心、浪漫的模样，并把自己生病的老母亲接了过来，苏芹在上班之余还得照顾章强、孩子和腿脚不便的婆婆的生活起居。

起初，苏芹并不愿意妥协，可章强却理直气壮地说："我都愿意接受你离婚带孩子，你怎么就容不下我母亲，那可是我的亲妈呀！"一句话噎得苏芹说不出话来。

在上面这个故事中，章强就是典型的引诱者，他为了和苏芹结婚，把自己包装成一个深情、负责的好男人，并对她做出美好的承诺，苏芹轻信了这一切。婚后，章强就露出了本来面目，他为了让母亲有人照顾，对苏芹进行道德绑架，苏芹陷在婚姻和现实的"泥潭"里动弹不得，左右为难，痛苦不堪。

　　以上就是情绪勒索的四种基本形态。尽管勒索者以不同的面目出现在我们的生活中,但是只要我们掌握了这四种常见形态,就能准确识别出他们的意图,及时止损,不至于深陷情绪勒索而不自知。

认清情绪勒索的六个步骤

情绪勒索会经历六个步骤：要求、抵抗、施压、威胁、顺从、重复。

第一，要求。

勒索者会向被勒索者提出一个过分的要求。比如："你每天去哪里都得告诉我。""你加班把这个方案赶出来。""听妈妈的话，不许跟你们班里学习成绩差的同学多说话。"当然，还有些人并不会直截了当地提要求，而是顾左右而言他，循循诱导，最后把自己的要求间接表达出来，这样看起来师出有名，使得被勒索者不容易察觉，也很难反驳。比如："我真的很爱你，我想时时刻刻跟你在一起，你让我和你一起生活好不好？这样我想你的时候就能看到你。"这句话让同居的要求显得合情合理，这样的甜言蜜语也让对方很难抗拒。

第二，抵抗。

因为勒索者提出的一些过分要求违背了被勒索者的意愿，所以他们会本能地抵抗。有的被勒索者会委婉地表达自己的不满，有的被勒索者会愤怒反抗，还有一些被勒索者会对该要求置之不理。

第三，施压。

当勒索者遭到对方的抵抗后，会进一步向对方施压，以逼迫其就范。施压的手段比较多，如：他们有可能用严肃的口吻，义正词严地重复自己的要求；也有可能给对方设立一个大的前提，如"如果还当我是你的爸爸，你就不要……"；另外，他们还会给对方陈列很多自己遭受拒绝后的苦楚，如"你要是不答应去相亲，那我就愁得吃不下饭、睡不着觉，难受得没法活"；最后，他们还会为了让你妥协，不断批判和贬低你的价值，如："你要是自己强一点儿，还用得着我忙前忙后地为你操心这些事吗？"

第四，威胁。

在整个情绪勒索过程中，勒索者会一步步瓦解被勒索者的意志。如果施压不管用，勒索者会进行直接或者间接的威胁。直接的威胁，就是如果你不顺从我，会承担某些可怕的后果，这些后果包括暴力方面的或财产损失方面的。比如："你要是不答应我，你看我怎么收拾你。"间接的威胁，就是通过言语或行为表达出敌意、恐吓或敌对态度。比如："你要是明天不陪我逛街，那我就找别人来陪我。"

有些威胁的话还带有引诱的成分。比如："你如果同意这个方案，那以后有什么好处我也会想着你。""你要是答应我这个要求,我会更爱你。"类似的话术看似给了对方一定的好处,但是目的仍然是操控,其言外之意是你要是不顺从,我们的关系会变得更糟糕,你的利益也会因此受损。

第五,顺从。

经过前面的步骤,被勒索者可能会产生压力、不安或焦虑的情绪。为了抚平这些负面觉得,被勒索者会选择牺牲自己的利益和感受,甚至会觉得"也许他说的不是没有道理,我应该答应他"。至此,被勒索者不再坚持原来的想法,慢慢地向勒索者的要求靠拢。

第六,重复。

随着双方冲突的结束,勒索者的目的也就达成了,可这并不意味着情绪勒索的结束,而是情绪勒索循环的开始。为什么会这样呢?因为在双方博弈的过程中,勒索者已经完全掌控了被勒索者的心态,他知道用什么样的手段可以操控被勒索者。所以,以后碰到类似的情形,他还会用相同的手段逼迫被勒索者,让被勒索者顺从。作为一个受害者,在前面的抗争中,被勒索者已经感受到了对抗的艰辛,渐渐习惯了屈服,在心底埋下了听话的种子,也接受了对方有条件的爱意,至此重复勒索的条件已经达成,以后等待被勒索者的也许是无数个过分的要求。

以上就是情绪勒索的六个步骤。

接下来看一个故事,它非常形象地解析了情绪勒索的六个步骤。

某天，小辉收到朋友的一条信息："我明天想带着全家一起去××旅游，因为我的车比较小，有点儿挤，所以想借你的车开几天。"

小辉想到朋友此次跨省旅行，旅程较远，时间跨度较大，再加上朋友总是风风火火的，做事一点儿也不稳当，因此他可能会承担很大的风险。想到这些，小辉本能地想拒绝朋友，可为了不伤情面，他还是找了个理由："这个礼拜我打算带着老婆孩子回一趟老家，所以借车不太方便。"

可朋友却说："这个不要紧，咱俩的车换着开，这样大家都方便。"

小辉还是很担心，便硬着头皮再次委婉地拒绝了朋友的请求。

至此，朋友看出了小辉的真实意愿，可他依旧没有放弃换车的打算。他"义正词严"地说道："你看，咱们是最好的朋友，对不对？正因为我把你当成好朋友，所以才敢跟你开这个口，这要是换成别人，我才不提这样的要求呢！"小辉听了这样的话，也陷入沉思。

"朋友之间应该讲义气，对吧？上次你的新店开业，需要人气，我可是二话不说，推掉所有的事情去捧场，这次兄弟你也帮帮忙吧！我可是好不容易跟领导请了几天假，你总不能眼巴巴地看着我的假期因为一辆车子泡汤吧！要是这样，我们全家老小就会空欢喜一场，接下来一定会难过好几个月呢！"朋友接着说道。

小辉听了这些话，心里很不是滋味，原本他是不愿意妥协的，可是听朋友这样说，他心里顿时充满愧疚："是啊，朋友之间，借个车也不是一件天大的事情！或许借给他也不会有什么问题呢！"

第二天，朋友开着小辉的车高兴地旅游去了，小辉看着他们远去的背影，心里很不是滋味。

在这个故事里，小辉的朋友先是明确提出自己的要求：借车去旅游。小辉出于安全考虑，就找出一个理由委婉拒绝了。遭到小辉的拒绝后，朋友为他找到新的解决办法——换车开，并且针对换车展开了一系列的游说。他先是以友情的名义绑架小辉，告诉小辉这是好朋友之间的分内之事；接着摆出自己的"功劳"，给小辉制造压力，让他产生愧疚感；并且间接威胁——如果不答应换车，那么小辉会让他们全家都不开心。

朋友的种种理由让小辉的坚持渐渐动摇，心理防线被攻破，以至于产生"对方的要求也不是很过分，换一下车也没什么大不了的"的想法，最后他顺从了朋友的意愿——借车。至此，朋友针对小辉的情绪勒索一气呵成。然而，小辉不知道的是，他的这次妥协并不意味着结束，以后要是朋友还有类似的要求，他还可以采用同样的招数"勒索"小辉，迫使他像这次一样屈服。

在一段存在情绪勒索的关系里，勒索者会试图从被勒索者身上拿到想要的东西。为了达成这样的目的，他们一般会通过这六个步骤不断说服对方接受自己的想法，最后周而复始、循环往复。我们在此提醒勒索者，即使再亲密的关系也要把握分寸感，如果一味地提出过分的要求，那么双方的关系必定会僵化，甚至反目成仇。

亲密关系中的情绪勒索有多可怕

在苏珊·福沃德的《情感勒索》一书中有这样一个故事：

金因为出色的工作能力被上司看中，上司有意让她成为准备退休的传奇编辑米兰达的继任者。

在培养的过程中，上司对金的要求比对其他同事要严苛很多，而且上司总是拿金和米兰达做比较。为了最大限度地得到领导的认可，金拼命工作，每天工作10～11个小时，偶尔因为有事准时下班，上司就会说："米兰达离开以后，没有人好好干活了。"金一周完成四项工作，上司虽然口头给予表扬和肯定，但是后面还会补一句："这只是米兰达一般的水平，她的最高纪录是一周完成八九项工作。"

为此，金苦恼不已。她承认米兰达是一位非常优秀的编辑，但她不同于米兰达，她还要花时间和丈夫、孩子相处，而且最重要的是，在工作的时间里她已经超负荷运作了，可上司总让她再多做一点儿，这样才能成为米兰达第二。如果她不照做，上司就说："你的天分不比米兰达差，只要多做点儿我吩咐的工作就行了。不要把这些当作额外工作，要把这些当成职业保障。"

终于，在上司的高压下，金生病了。长期伏案工作让她的肩膀和手腕产生剧烈的疼痛。金痛心地跟她的咨询师说，虽然自己的肩膀和手腕剧烈疼痛，但是不敢慢下来，否则就仿佛听到上司在自己耳边说米兰达以前多棒，这样一来就得向他证明，现在的自己也一样很棒。

"他特别清楚该怎么让我屈服，而且最令人害怕的是，我让自己陷入了这样的窘境。""我开始质疑自己的能力，我似乎得以米兰达为标准来衡量自己的工作，否则我永远都不够好。"金补充说。

在上面这个案例中，上司对金进行了严重的情绪勒索，而金在上司的勒索逼迫下，身体产生剧痛，精神也备受折磨，焦虑、自卑、烦躁等负面情绪紧紧缠绕着她，最终会把她的身体拖垮，让她失去继续前行的动力。

有人说："情绪勒索犹如钝刀割肉，它不会马上要了我们的命，却会把我们折磨得痛不欲生。"对此，笔者深以为然。通常来说，当我们一不小心掉进情绪勒索者的陷阱时，首先身心会迎来双重痛苦。当然，除了身心的折磨，被勒索者以后也会在对方的打击和压迫下丧失表达自我的勇气。

通常来说，被勒索者害怕每一次的冲突，害怕对方的责难。为了让对方高兴，他们常常委曲求全，做事小心翼翼，一言一行都要察言观色，生怕让对方不舒服，这样一来，被勒索者就会过得胆战心惊，毫无幸福感可言。另外，他们会慢慢失去自尊，失去自我价值，陷入自我怀疑的怪圈："我难道真的这么差吗？""我为什么这么没有骨气？"在过度的自省和自责中，被勒索者对自己产生深深的失望，从而陷入不断妥协的模式。而妥协模式一旦开启，被勒索者就会忽略自我，失去感觉和表达感受的能力。

被对方情绪勒索以后，他们明明很委屈、很心酸，但是为了减少彼此之间的冲突，还是强忍内心的痛苦和煎熬，勉强保持愉快和平稳，脸上的委屈和难过可以遮掩，但心里的不甘和伤痕却真实存在，伤害并没有消失。于是他们会在心里默默告诉自己："我不重要，我的内心是什么感受没有人在乎，也没有人重视。"在这种心理暗示下，他们以后也不再表达自己的感受，而是在自我怀疑、自我否定之后，将对方的行为合理化。比如："爸爸妈妈这样做，也许是为了我好……""可能是我太敏感了吧，他们这样要求也不是没有道理……"当他们将对方过分的要求合理化时，内心痛苦的感受也会淡化很多。

在一段亲密关系中,"委曲"不一定能"求全",善良过头就是软弱。对方的欲望是无穷无尽的,我们不可能每一次都顺从、讨好别人,做出完全符合他人需求的事情来。这样我们会对生活丧失热情,进而过得犹如行尸走肉一般,在委屈—妥协—再委屈—再妥协中陷入恶性循环,无法自拔,直至生命的终结。

如果我们已经陷入了这样一个晦暗、隐忍的模式,那实在是太可怕了。作为一个受害者,我们要为自己的人生负责,勇敢一点儿吧!不要害怕对方歇斯底里的吼叫,也不要担心对方痛心疾首的责骂,更不要恐惧对方的贬低和侮辱,这只是对方逼迫你就范的一种手段,勇敢地与之抗争才能为自己的未来争得一线光明。

阅读提示：

这十种情绪勒索，你中招了吗？

在生活和工作中，当我们面对别人的不合理要求时，心底会很抗拒、很不高兴，但是根本没有意识到自己正在被情绪勒索者伤害。下面列举十种常见的情绪勒索者的表现，赶快测一测你有没有中招吧！

第一，如果不按照对方说的做，对方就不让你好过。

第二，如果你不听对方的话，你们的关系就无法维持下去。

第三，如果你不顺从对方，对方会直接告诉你或者暗示你，他被忽视了，为此感到沮丧或深受伤害。

第四，对方通常会认为你会主动让步。

第五，无论你怎么努力，对方总是要求更多。

第六，对方常常漠视或看轻你的感受和需求。

第七，对方经常食言而肥，一点儿也不重视对你许下的承诺，且很少兑现。

第八，当你不愿意按照对方的意思去做时，对方会责备你自私、贪婪、没有同情心等。

第九，在答应对方的条件之前，不管你提什么要求，他都会答应。但是如果你不答应，他马上就翻脸。

第十，将金钱当作逼你让步的利器。

以上十种表现，你中招了几个？如果你们的互动行为符合上述表现中的很多条，那么可以确定你已经受到情绪勒索的折磨了。这个时候，你要摆明自己的立场，阐述自己的需求，捍卫自己的利益。只有这样做，你才不会受到伤害。你的善良，必须带点儿锋芒。

第二章

警惕各种关系中的情绪勒索，
守好心理边界

"情绪勒索者"了解我们十分珍惜与他们之间的关系,知道我们的弱点,更知道我们心底深处的一些秘密。不论他们多关心我们,一旦无法达成某些目的,他们就会利用这层亲密关系迫使我们让步。

——[美] 苏珊·福沃德

在一段关系中,当一个错误行为披上道德的外衣时,则容易产生不可估量的危害。施害者肆无忌惮地讲述着自己的道理,受害者的内心早已千疮百孔。

不要拿养育之恩绑架孩子

小江出生在单亲家庭。自他记事以来，妈妈的口头禅就是："我天天供你上学，好吃好喝地养着你，你凭什么不听我的？"

凭借着这份"天大的恩情"，妈妈总是骂他"不孝顺、不懂事"，并且逼着小江每一件事情都要无条件地服从她。

对此，小江极度崩溃。他也曾在内心偷偷质疑妈妈："你把我生下来，对我负责难道不是应该的吗？等我成年了，我自然有义务为你养老。可在你眼里，为什么像是我逼着你对我负责呢？"

这些"忤逆"的话，小江终是没敢说出口，可他又陷入深深的自我怀疑："也许是我'玻璃心'吧！可我为什么会这么难受呢？这算是道德绑架吗？说实话，如果可以选择，我宁愿不来这个世间。"

上面故事中的小江是一个非常可怜的孩子，他妈妈的做法明显是在道德绑架，也是在情绪勒索小江。可年少的小江并没有意识到这一点，而是在心里默默质疑自己"玻璃心"，不断进行内耗。

这是一件多么令人惋惜的事情啊！

现实生活中，很多父母就像小江妈妈那样不停地强调自己的付出："你穿的衣服，是妈妈辛苦赚钱买来的，你要记得啊！""为了给你报兴趣班，爸爸妈妈省吃俭用，舍不得多花一分钱，你知道吗？""我每天辛辛苦苦，给你做饭、洗衣、叠被子，你可要记得妈妈的好啊！"

父母总是习惯性上演"自己感动自己"的戏码，他们认为只要不断强调自己的无私和伟大，孩子就会知恩图报，什么都听自己的，而且不能有任何怨言，天天围着自己转。殊不知，这是赤裸裸的情绪勒索行为。在这种情况下，孩子会感恩你付出的一切吗？大概率是不会的。

下面这个故事告诉了父母一个道理：用养育之恩绑架孩子，很有可能养出"白眼狼"。

小波是穷苦人家出身的孩子，父母省吃俭用供他上学。小波自己也很争气，从小就成绩优异，后来考上了大学，成为村里的第一个大学生。

自从考上大学之后，小波就有了考研深造的想法。父母知道后，总是害怕他以后留在外地，不方便回来为自己养老。

为此，父母总是有意无意地向小波提及自己的功劳。

爸爸说："我们养活你这么多年不容易，真是吃了不少苦！"

"是啊，你如今有出息了，一定要记得我们呀！如果你去外地上学，将来在外地工作，还有时间回来照顾我们吗？"妈妈也略有不满地责备着小波。

小波对于辛苦养育自己的父母原本是心怀感激的，他想对父母说："提升自己的能力可以更好地奉养父母。"可老两口总是把"我们辛辛苦苦养了你十几年"挂在嘴边，这让他总有一种愧疚感和压力。

久而久之，小波身心俱疲，对父母的态度也从开始的愧疚慢慢变成了怨恨。在大学即将毕业，考研成功后，小波与父母就是否去读研发生了激烈争吵，一怒之下小波离家而去，多年来不曾回老家看望父母。小波也从村里的第一个大学生变成了村民口中的"白眼狼"。

胡适在给汪长禄的回信中说，孩子并没有自由选择生在自己家中，他也没有得到孩子的同意，就给了孩子生命。至于孩子将来怎样对待他，那是孩子的事，他不期望孩子回报他，因为他认为自己无恩于孩子。

孩子是因渴望自身生命而诞生的，从小到大接受父母的精心抚养是他的权利。身为父母，不能将生活艰辛的账一股脑儿地算在孩子身上。否则，对孩子一点儿都不公平。

如果父母每次对孩子的关爱都像是在"放债"，用"恩情"去绑架孩子，迫使孩子遵循父母的意志，那么孩子必然会反感，久而久之，要么他活在负罪感之中，非常孝顺，却失去了自我；要么他敢于反抗，非常叛逆，成为父母口中的"白眼狼"！

打破"不顺即不孝"的道德枷锁

小美是一家外企的资深人力资源,也是一个自身条件很好的女孩。按理来说,这样优秀的女孩应该物质条件优越、无忧无虑。可小美却过得一点儿都不快乐,因为她背负了一个只会"吸血"的重男轻女的家庭。

从小她的爸爸妈妈就给她灌输"我生养了你,你就必须为我做牛做马"的观念,这导致她性格懦弱,从小就像血包一样,牺牲自己,为哥哥铺路。

小美参加工作后,父母和哥哥对她的盘剥和压榨更是到达无以复加的地步。除了少量的生活费和房租之外,小美把赚的钱全部寄回了老家,为哥哥买房、娶媳妇,还要为哥哥支付各种费用。父亲中风后,小美四处借钱,背负了十几万元的外债,可依旧填不上这个窟窿。她想先卖掉哥哥的房子,缓解家中困境,可遭到全家的反对。

小美被困在这样的家庭内,痛苦不已。她想摆脱这样的家庭，可骨血相连的血脉之情让她下不了这样的狠心，只能继续做一个乖乖的孝顺女，而等待她的将是继续被父母和哥哥"吸血"。

父母常说："孝顺孝顺，你不顺着我就是不孝。"这个"大杀器"一出，很多子女立时噤若寒蝉，乖乖顺从。他们生怕自己一辩驳，就被贴上"不孝子"的标签，从此臭名远扬、社会性死亡。可这样做的后果是什么呢？故事中的小美已经给出了答案——永远被父母道德绑架，牺牲自己的需求和感受，无条件地满足他们所有的需求。

这样的后果想想都令人窒息。我们要想摆脱这种情绪勒索的关系，就必须打破"不顺即不孝"的道德枷锁，勇敢地为自己活一次，这才是对自己负责的表现。

笔者以前看过一个调解类的节目。节目刚开始的时候，一对年迈的老人义愤填膺地找到调解员，声称他们俩被儿媳妇赶出家门，在外流浪了四五年，有家不能回，并且儿媳妇不断挑拨儿子和他们的关系，让儿子和自己的父母吵架。

后来，调解员在老人的带领下找到了儿子。在儿子的口中，大家又了解到一个不一样的说法：两位老人无中生有，随意攀咬，在无凭无据的情况下，诬陷儿媳雇人给他们打恐吓电话。更过分的是，他们怀疑孙女不是儿子亲生的，逼着儿子做亲子鉴定。

后来，亲子鉴定机构的一纸文书证明了儿媳妇的清白。眼见老两口完全是胡说八道、搬弄是非，调解员也愤愤不平地批评他们："你们嘴里没有一句实话，作为父母，是不是希望孩子过得不幸福？"

听到别人在质疑自己，白发苍苍的老人恼羞成怒："别叫他上我那儿去，我权当没他这个儿子。"众人还在苦口婆心地劝老人改正错误，老人又来一句："都是我的错，他媳妇一点儿错都没有，我不活了中了吧！"

后来，随着调解工作的展开，人们发现了更多匪夷所思的事情：有一年，儿子和自己的朋友在饭桌上发生了口角，在推搡间被烫伤了，这对奇葩父母立刻想到在保险公司上班的儿媳妇，他们认为，儿子被烫伤也是儿媳妇故意找人干的，目的就是要赔偿款。

面对这样一对自私、愚昧、多疑的父母，儿子真的无语至极。他哭诉着自己这么多年来的不容易，父母见状又用养育之恩道德绑架儿子。

好在儿子已经成年，头脑中已形成了成熟的价值体系，没有被他们自私、愚昧的观念带偏，知道理解和体谅自己的妻子。也正是因为他没有由着父母胡作非为，才守护好了自己的小家。

这对父母因为儿子事事不听自己的，不遵循他们的意志行事，所以总觉得儿媳妇在挑拨，处处针对儿媳妇，这才导致家庭闹剧的不断发生。

俗话说："不听老人言，吃亏在眼前。"可有些老人思想守旧，固执己见，骨子里的愚昧和自私让子女根本无法接受，如果子女们不能像故事中的这位儿子一样，打破"不顺即不孝"的道德枷锁，任由父母对自己进行情绪勒索，以后的生活可能很难获得幸福！

勇敢地对职场情绪勒索说"不"

情绪勒索不仅可能发生在家庭成员之间,还有可能发生在职场之中。下面的故事能为大家揭秘发生在职场中的情绪勒索现象。

叶真是一所学校的教师。年初的时候,学校安排叶真和另外一个教师一组,早上带着学生们跑操。可没想到,另外一个教师找到叶真商量:

"叶老师啊,你看看你的能力真不错,年纪轻又很有上进心,把学生也带得非常好。不像我,岁数一大把了,身体也不好,精力跟不上,还要照顾家里的孩子。这个跑操工作就由你监督了,好吗?"

叶真正想说什么,那位教师又接着说:"跑操时间非常早,校长都在睡觉,他不会知道的,如果他看见了,你就告诉他我上厕所了,辛苦你啦!能者多劳嘛!学生们在你的带领下一定纪律严明、井然有序，不会出什么问题的！"

叶真听后，心里很不是滋味。她很想拒绝这个职场"老油条"的无礼要求，可自己资历尚浅，又不敢得罪他，怕他以后给自己"穿小鞋"；可不拒绝，叶真又得一个人承担两个人的工作，左右为难的她忍不住向闺密倾诉自己的遭遇。

在上面的案例中，叶真遭遇了职场中的情绪勒索。

同事为了忽悠叶真替自己干活，先是对她进行一通"高赞"，以此调动叶真干活的积极性，接着打出"人情牌"，道德绑架叶真，如果叶真不帮忙，就显得不近人情。

可是，如果顺着他的意思点头，以后叶真就会成为他的长期"替身"。

在工作中，我们经常会像叶真那样遭遇职场情绪勒索，对方总是扛着道德的大旗，携着职场的规则，借着人情世故的名义，要求你牺牲自己的利益去成全他们的利益。你稍微一辩驳，他们就迫不及待地往你身上贴标签——"工作态度不认真""不积极学习""不懂人情世故""不遵守职场规则"，甚至带头孤立你，制造机会给你"穿小鞋"，以此挫败你斗争的勇气、消磨你对抗的决心。

面对这些职场中的情绪勒索，我们需要摈弃懦弱心理，勇敢坚定地对这种行为说"不"！

如果你一味妥协，对方就会觉得你好欺负，以后会有无数个过分的要求等着你。

所以，与其被情绪勒索，不如主动出击，掷地有声地告诉对方你的底线和原则，用语言和行动向对方证明对你进行情绪勒索是一个错误的选择。

以分手相要挟，结果往往适得其反

小青是在单亲家庭长大的孩子。从她记事以来，父母之间的感情就很差，他们两天一小吵、三天一大吵，家里不是歇斯底里的哭喊声，就是锅碗瓢盆摔打的声音。这在小青的心里留下了很深的阴影。她没有一点儿安全感，尤其是长大谈恋爱之后，这种感觉更加明显了。

小青的男朋友是一个外在形象好、性格活泼、幽默开朗的阳光大男孩，平日里总有女生围在他身边问东问西，小青看见后生气不已，总觉得这些女生是来抢自己男朋友的。

为了保护这段感情，小青连哭带闹，让男朋友远离各种女生。刚开始，小青的男朋友觉得自己和那些女生没什么不合适的举动，就算聊天、探讨某个问题也是光明磊落，并无半分暧昧气息。可是小青却不这样认为。

男朋友经不住小青的哭闹，承诺以后远离所有女生。没过多久，小青依旧觉得没有安全感，又不停地哭闹，设置各种考验。小青不分场合、没有理由的"考验"让男朋友身心俱疲。

某天二人又因小青的猜忌发生了争吵，回到家中的小青给男朋友发了一条威胁性的微信："你已经不爱我了，对吗？要是不爱了，那咱们就分手吧！"并要求男朋友把通讯录里所有女生的联系方式都删掉。

最终小青收到了一条分手的回复信息。小青因缺乏安全感，时刻想掌控男朋友，最终恋情失败。

故事中的小青是一个典型的情绪勒索者，因为内心缺乏安全感，又无法控制自己的情绪，最终她变成了恋爱中的情绪勒索者。

有人说："爱情就像一把沙子，抓得越紧，流失得越快。"很多身处爱河中的男女并不懂这样的道理，他们常常患得患失，企图以要挟的手段把对方牢牢地锁在自己身边，殊不知这样会让对方在勒索中喘不过气来，久而久之，矛盾越积越深，热恋中的美好在一次次对抗和要挟中消失殆尽，于是分手便成了理所当然的事情。

水满则溢，月满则亏。爱一个人，也别爱得太满。聪明的人懂得"七分爱别人，三分爱自己"。他们能够理解彼此的需求，给心爱的人自由的空间，让感情在自由与牢固之间找到最佳平衡点，而不是一味地把感情建立在情绪勒索的基础上，最后让彼此走向分手的结局。只有适当地张开手指，让一部分沙子流走，剩下的大多数才会安安稳稳地躺在你的手心。人生如此，爱情亦然，有时候后退一步，才能够遇见更广阔的天空。

这几种"毒友谊"，比没朋友更可怕

除了父母、爱人，朋友也有可能对我们展开情绪勒索。为了不使自己受到伤害，我们需要擦亮眼睛，警惕下面这几种"毒友谊"：

第一，当面一套背后一套的朋友。

老人言："耳听为虚，眼见为实。"然而，眼睛有时候看见的东西并不一定就真实可靠。有的朋友表面和善、内心险恶，两面三刀才是他们的真实面目。对于这样的朋友，一定要擦亮眼睛，提高警惕，尽早远离。

《红楼梦》里，王熙凤对尤二姐当面一套，背后一套。她乘丈夫贾琏外出，先是甜言蜜语地将尤二姐诓入荣国府，安置到自己的身边。然后她开始施展陷害尤二姐的手段：一方面，王熙凤往来于贾母、王夫人之间，为尤二姐说好话，以表自己的"贤良"；一方面，王熙凤令心腹奴才旺儿去收买尤二姐的未婚夫张华，往衙门去告贾琏"国孝家孝中背旨瞒亲，仗财依势，强逼退亲，停妻再娶"，向贾府施加压力，使贾府的主子们把怨愤发泄到尤二姐身上。同时，王熙凤又暗地唆使丫头善姐虐待尤二姐。

贾琏从平安州回来后，贾赦为奖励贾琏在外办事有功而将房中的丫鬟秋桐赏他为妾时，王熙凤尽管对秋桐甚为反感，但她为了一己之私，只得暂时压下心头怒火，对尤二姐又使出"借刀杀人"之计，挑拨秋桐给尤二姐以种种难堪，迫使尤二姐最后吞金自杀。

可怜善良的尤二姐至死都没有看透王熙凤的心计，甚至对她的"一片诚意"从不怀疑。就是贾府的主子们也始终被蒙在鼓里，错认为王熙凤在处理这件事上很是"贤惠"。

有句话说："天下没有免费的午餐。"当面一套背后一套的朋友送你一杯蜜酒时，他必在算计着得到更大的蛋糕。对这种朋友，要时刻保持警惕，保持清醒的头脑，不上当，不受骗，不被他的甜言蜜语所迷惑。

第二，嘲笑、轻视、贬低你的朋友。

在一次同学聚会上，许多多年未见的同学聊

天时得知，赵涛努力了这么多年依旧是个部门小组长，忍不住露出了嘲讽的表情。

还有人乘机灌赵涛酒，赵涛以开车为由拒绝，那个人却不依不饶："怎么，我们的赵大组长当了领导，就瞧不起我们这些老同学了吗？今天你必须把这杯酒喝完，否则就是没有诚意，就是看不起咱们这些老同学。"

对于不尊重你的感受，嘲笑你、打压你，甚至贬低你的朋友，一定要尽快远离，否则他们就会像事例中灌酒的人一样，对你进行情绪勒索，让你进退两难，为你的生活增添很多不必要的烦恼。

第三，觉得你对他的好理所当然，不懂感恩的朋友。

一天，王岚突然收到好朋友赵琳发来的一条信息："亲爱的，我妈妈正在医院做手术，我手中的钱不够用，你能借我5万块吗？我今年年底缓过来就还给你。"

王岚看到信息，在为朋友着急的同时，自己也犯了难，因为自己手里也没有钱。可想到赵琳是她最要好的朋友，如果不帮忙，她心里过意不去。于是她从别人手里借了5万元，汇到了赵琳的账户上。

一转眼，两年过去了，赵琳不仅没有表达对王岚在危急时刻出手相帮的感恩，也不见一点儿还钱的迹象。王岚硬着头皮向赵琳提出了还钱的要求。

赵琳好言好语地答应还钱，可是一直等了好久也没有动静，王岚只好再次催促，赵琳依旧满口答应，就是不见还钱。如此往复，身心俱疲的王岚只能在心里暗暗后悔。

对于赵琳这样不懂感恩的人来说，"朋友帮我是本分，不帮我就是自私"。当你在生活中遇到这样的朋友时，一定不要深交，这类人贪婪自私，善于用友情绑架你的善良，到头来很有可能把你伤得体无完肤。

我们在交友的过程中，一定要警惕上面三种"毒友谊"，否则你很有可能成为情绪勒索的受害者。

拒绝亲情绑架，远离没有边界感的亲戚

一天中午，周红接到了表姐的一个视频通话。视频里，表姐用急促的语气请求周红在某个购物软件上帮她砍价。那个时候，周红的手机里并没有这个软件，可看到表姐着急的模样，她还是下载了软件，并按照表姐的吩咐完成了任务。

表姐解了燃眉之急，领到了平台发来的红包，对周红千恩万谢。

过了半个月，表姐又一次打来视频通话，这次她提出了新的要求：她的妈妈突发疾病住进了医院，因为周红家离医院很近，所以她想在周红家借宿一个月。尽管不太方便，周红还是勉强答应了。

让周红头疼的是，这位表姐一点儿边界感都没有。周红摆在台面上的护肤品，表姐问都不问一声，拿起来就用。同时，她对周红的各种挑剔层出不穷。

　　终于，一个月过去了，表姐的妈妈也出了院，周红赶紧找个理由把她们一家打发了。因为这次不愉快的体验，她对表姐不再有什么好印象。之后表姐再找她，她能躲则躲，不愿意多搭理。

　　上面的事例就是发生在亲戚之间的情绪勒索。亲戚之间虽然血脉相连，但有的亲戚自私、冷漠、狭隘，他们有困难时，打着"血脉""亲人"的名义，根本不顾念被勒索者的处境，更不理解对方的感受，只是一味地进行无止境的道德绑架。这时，谁要是委屈自己，顾全亲情，亲戚就会喜笑颜开，对其和颜悦色，甚至大夸特夸；一旦违逆亲戚们的想法，拒绝亲戚们的要求，他们就会直接翻脸，对其心生怨恨，恶言相逼，更有甚者，私下用言语诋毁、咒骂。

　　对待这类亲戚，我们要坚决远离。没有人有义务负担另一个人的人生，对于不合理的、过界的要求，我们该拒绝就要拒绝，不要内疚，也不要不好意思。帮助是发自内心的，不是被强迫的。我们接受亲戚之间互帮互助、互疼互爱，但拒绝接受道德绑架，也拒绝他人的情绪勒索！

阅读提示：
几个妙招，化解各种关系中的情绪勒索

当你发现自己正在遭受父母、兄弟、亲戚、同事、朋友等各种关系的情绪勒索时，可以采用如下几个妙招轻松化解。

第一，以其人之道，还治其人之身。

简言之，就是他怎么对待你，你就怎么对待他。比如，亲戚跟你说："这么点儿钱都不借？你不会这么小气吧！"你可以这样回复："这么点儿钱都要借，你不会这么穷吧！"再如，有人质问你："对一只狗这么好，对你爸妈有这么好吗？"你可以这样回复："你对我和狗这么关心，你对爸妈有这么关心吗？"

当别人对你进行道德绑架、情绪勒索时，不要急着自证，要针锋相对，反将一军，这样才能化被动为主动。

第二，采用拖延战术，打时间差。

在办公室里，同事对你说："我正在赶一份合同，今天你再帮我带份外卖吧！我都快饿死了，赶快去吧！我就知道你最好了！人美心善，总是那么乐于助人！"你对此行为厌恶至极，若直接拒绝这种占便宜的行为，又怕得罪他，伤了和气，这个时候可以说："唉，我也快饿死了，好想吃到饭，可今天的工作实在是太多了，没有两三个小时完成不了。领导要得又急，我做完之前没法吃饭，要不你过来搭把手，这样兴许能快点儿，做完我就帮你带外卖回来！"

对付这种爱占小便宜，还动不动就道德绑架的人，他慢，就要比他还慢，甚至可以反过来找他帮忙，这样他的勒索行为就会失败。

第三，假借权威人物破局。

在现实生活中，有的人为了偷懒耍滑，会冒充领导的口吻向你布置一些本该属于他的任务。对此，你也可以假借领导这一权威人物破局。比如，你可以这样说："这个方案我还有点儿问题需要跟主任沟通呢！没事，你给我吧！我现在就找他商讨一下。"这样就能把对方的谎言戳破，他也不会再轻易假借领导之名要挟你，提出不合理的要求。

第四，转移矛盾。

当有人对你道德绑架时，你可以把矛盾或者事件的焦点转移一下，以此降低大家对你自身的关注。

比如，坐公交的时候，有人道德绑架你，逼你让座，这个时候你可以说："整车该让座的人那么多，你干吗非要我让呀！"把矛盾转移到整车人，这样会给情绪勒索者施加很大的心理压力。

总而言之，面对别人的情绪勒索，我们不可以躲避、退让，要想方设法让他知道你是一块硬骨头，不是软柿子，这样你以后才不会为了这些人委曲求全，内耗自己。

第三章

盘点情绪勒索者的心理成因

放纵自己的欲望是最大的祸害，谈论别人的隐私是最大的罪恶，不知自己的过失是最大的病痛。

——［古希腊］亚里士多德

一段情绪勒索关系之所以能形成，与勒索者的心理有很大的关系。喜欢勒索别人的人通常具有这样几种特质：一是内心缺乏安全感，二是责任感过剩，三是以自我为中心，四是对失败充满恐惧，五是完美主义作祟。

越没有安全感的人，越容易情感霸凌

赵梅总是跟闺密吐槽自己的老公天天查她行踪的事情。

"那说明你老公在乎你！有个时刻关心你的老公不是很幸福吗？"闺密打趣道。

"刚开始我也这样认为，可时间久了，我觉得根本不是这么一回事。他实在是太敏感了，我感觉自己一点儿隐私都没有，他这样做实在让人受不了。"赵梅滔滔不绝地细数着老公的种种"罪状"。

"那他为什么要这样做呢？感觉他没有什么安全感，是不是你平时说了或者做了什么不合适的事情？"闺密好奇地问道。

"我每天都是两点一线，和他生活在一起，我都是小心翼翼的，生怕他多想。"赵梅忙不迭地解释道。

"那他是不是曾经受过什么伤害啊？怎么会这么敏感多疑呢？"闺密追问。

赵梅说："你这么一说，还真有可能，他父母在他很小的时候因感情问题离婚，应该是与这段经历有关。"

一个人如果有过被遗弃、被忽略或者被欺骗的痛苦经历，那么他的内心会严重缺乏安全感。上面故事中赵梅的老公就是这样，安全感的缺失会让他疑神疑鬼，充满不安。为了抚平这种不安，他们会试图操控别人，采用强硬的手段对身边的人进行情绪勒索。就像赵梅的老公一样，他时时要求妻子做行程汇报，事事都要她证明自己忠诚于婚姻、忠诚于丈夫。通过这种操控感，他可以获取安全感。

可这种情绪勒索对妻子而言是痛苦的，也是扭曲的，它剥夺了妻子正常生活的权利，给她的生活增添了很多烦恼。作为一个曾经的受害者，要想抚平内心的不安全感和焦虑感，应该提升自己的认知，改变自己的想法，而不应该将自己的安全感建立在被勒索者的痛苦之上。

具体来说，这些勒索者要如何提升自我认知呢？心理学上有一个名词——"心理投射"，这是一种以己度人的心理倾向，具体来说，就是把自己的感情、意志、特性、态度等加到其他对象身上，从而遮蔽客观的真实面貌。

就像故事中的那位丈夫一样，原本妻子是无辜的，但是丈夫把自己曾经受伤害的经历和现在的感情勾连在一起，在心理投射的作用下，他认定妻子也有可能不忠于自己，于是巨大的恐惧和不安渐渐击垮了他的理智。为了不失去自己的爱人，也为了抚平自己的内心，他采用了情绪勒索的方式。

勒索者应该明白，让你感到不安的是过往的那些经历，是过去没有处理好的情绪，应该及早意识到，并做好自我调节，而不应该把过去的失败和现在的感情搅和在一起，因为它们没有必然的联系。勒索者只有处理好过去的经历对自己情绪的影响，才能更好地把握现在的亲密关系。若任由自己的不安全感发展下去，只会把在乎的人越推越远。

下面是几种提升安全感的方法，对情绪勒索者摆脱内心的焦虑感和操控欲有一定帮助。

第一，做一个"恐惧保险箱"。

在《拆掉思维里的墙》一书中，作者介绍了一个方法，分以下几个步骤：①把自己最恐惧的事情仔细写在纸上，至少10条。②找一个信任的人或者一个安全的地方（"恐惧保险箱"）将纸放好，确保没有其他人知道。③告诉自己，即使担心的事情可能会发生，但它们已经被提前存放好了，此时只管大胆地做好当下要做的事即可。④做完后再回首打开"恐惧保险箱"，看看有哪些曾担心的事情发生了。

试完这些步骤之后，作者发现，那些令他担心的事情并没有发生。内心缺乏安全感的人可以试试这个方法。

第二，看见自己的需求。

缺乏安全感的人总是向外求，求所安、求所得，很少有人向内求，他们无法看清自己的内心，也忽略了自己的需求。此时，大家不妨问问自己："当我感到不安的时候，我最需要的是什么呢？"一个热情的拥抱，还是一份炽热的爱，抑或获得别人的认可和接纳？当看到自己内心的需求时，不安感就会降低一些。

第三，搜集微笑和正反馈。

安全感很低的人总是把眼睛放在消极和负面的信息上，他们甚至会放大负面信息，就连别人一个无意的眼神，他也能从中读出很多不好的信息。正是这种过度的自我怀疑让他们神经敏感，为了保护自己，只能努力操控别人。

为了改善这种不良情绪，大家不妨有意识地搜集一些微笑和正反馈，这些信息可以帮助你恢复自信，降低内心的不安全感。

总而言之，追寻安全感是人的本能。就如马斯洛需求层次理论所说的，在生理需求的基础上，安全需求是第二个层次的基本需求，我们只有提升了自己的安全感，内心的操控欲才会下降。

关心过度，往往是控制型人格的表现

王静周末逛街时买了一套很潮的衣服，回家后妈妈看见她穿着破洞牛仔裤、露脐 T 恤，很是恼火。她认定女儿跟着其他同学学坏了，于是不停地指责女儿："你还是一名学生，有校服不穿，穿得如此暴露，真是太不符合你的身份了。"

王静立刻回击："我只是在周末穿，又不是去学校穿，现在是 21 世纪了，这样的衣服满大街都是，你什么都想管我，什么都想控制我，真的很烦！"

"我是你的妈妈，我有责任管你。树苗歪了需要修剪，孩子犯错了，家长就得纠正。要不你越长越歪，以后要是走上歪路，后悔都来不及。"妈妈也愤愤不平地说道。

"我真是受够了，从小到大，没有一件事我能自己做主，什么都要听你的。我难道不是你养的孩子，是你随意摆弄的一个木偶吗？"王静越说越激动,最后呜呜哭了起来。

"你还有没有良心啊!我这么做是为了什么,这不都是为了你好吗?你还不满足,还这样怨恨我!"妈妈也哽咽着诉说自己的委屈。

母女间这样的争吵,几乎每天都在上演,王静不胜其烦。

关心是对一个人爱的表达,然而关心过度也会给亲密的人带来困扰。就像上面故事中的妈妈一样,她没有把握好关心的尺度,过度干涉了孩子的生活,忽略了孩子的心理健康和自我发展规律,导致孩子被束缚、被压抑。

孩子若失去了自由和自我决策的能力,也就意味着丧失了解决困难的能力。被折断翅膀的鸟儿无法高飞,生活在父母过度关心中的孩子将无法承受来自外界的压力,而内心充满懊恼、苦闷,最后性格中滋生出很多叛逆的因子。这场矛盾的爆发既是女儿对妈妈情绪勒索的反抗,也预示着妈妈教育的失败。这个故事可以对那些关心过度的人起到一个警示的作用。

英国著名作家毛姆说过一句话:"年长者最大的修养,就是抑制住批评年轻人的欲望。"把控好自己的关心尺度,尊重他人的情感需求,不要过度干预别人的生活,也不要将自己的期望值和压力传递给别人,这是一个成年人该有的自觉。

以自我为中心者爱上演"霸道"戏码

在感情生活中,有一类勒索者总自以为是,他们的同理心很低,只在乎自己的需求,不在乎他人的感受。

在他们的认知里,别人的观念和说法都是有问题的,即使别人不断强调自己的需求和感受,他们也会直接无视,并且他们会合理化自己的无视。

另外,当意识到自己的行为的确侵犯了别人的正当权益时,他们内心也会升起罪恶感,但他们化解这种罪恶感的方法不是自我反思、事后弥补,而是推卸责任。他们往往通过推卸责任的方式将自己的行为合理化,把错误推到别人身上,这样他们的内心会好受一点儿。

总而言之,在这些以自我为中心的人看来,无论他们做什么都是正确的。

以自我为中心的情绪勒索者之所以有这样的表现,很有可能与儿时的家庭教育有关。父母过分溺爱,过分迁就他们的需求,让他们习惯于以自我为中心,忽视别人的感受和需要。如果你在现实生活中也有比较明显的以自我为中心的倾向，一定要通过以下方法加以改变。

第一，进行自我反思，学着换位思考。

以自我为中心通常表现为只关注自己的感受、想法和需求，而忽略了别人的感受和需求。这一点很容易让人走向情绪勒索的道路。试着换位思考一下吧！试着站在别人的位置，理解他人的需求和感受，这样就会发现自己提出的某些要求是多么无礼且荒谬。

比如，妈妈带着孩子出去逛街，可走着走着，孩子开始不停地哭闹。孩子的哭闹声搅扰了妈妈逛街的兴致，她变得有点儿不耐烦，强制要求孩子保持安静。可不管她怎么命令，孩子依旧哭闹不止。

不得已，妈妈蹲下身想抱起孩子。然而，她惊呆了，映入眼帘的不是一派热闹繁华的景象，而是一条条匆匆而过的腿。对于孩子幼小的心灵而言，面对眼前的一幕他充满的是恐惧，而不是逛街的喜悦。至此，妈妈完全理解了孩子为什么要哭闹着马上离开。此时，妈妈原来那句充满操控欲的话——"不要哭，马上闭嘴"再也说不出口了。

试着穿上别人的鞋子走一走他的路，你就能更全面地看待问题，从而放弃操控别人的欲望。

第二，学习不同的知识，增加自己的认知和思维深度。

当我们认知浅薄的时候，总是自以为是，听不进别人的建议，常常指点江山、好为人师，喜欢随意评价、贬低他人。但是当我们学习了不同的知识之后，眼界和格局就打开了，就不会再以狭隘和苛刻的态度对待他人，也不再强迫别人无条件地顺从自己。

改掉以自我为中心的毛病对于建立健康的人际关系至关重要。如果无法做到这一点，我们在试图操控别人时，就会把人越推越远。

情绪勒索来源于对失败的深层恐惧

张俪是某公司的白领。精明干练、能力出众的她刚开始对教育孩子这件事情并不重视,她觉得任由孩子发展自己的天性就是最好的教育。可后来发生的一系列事情让她彻底放弃了之前的教育理念,化身为不折不扣的"教育狂魔"。

一次,在职场升迁中,张俪与她期待已久的市场总监的位置失之交臂。竞争失败后的张俪思忖良久,思想发生了巨变,她决定规划孩子的学习和发展。为了提高孩子学习成绩,她推掉了所有应酬,把全部精力都放在孩子的学习上。同时,她也不让孩子有任何自由空间,除了必要的睡眠时间,全都用在学习上,并不断向孩子讲述自己竞争失败的教训。在张俪的强迫下,孩子身心俱疲,学习成绩不仅没能达到预期,心理还出现了问题。

在上面这个故事中,作为妈妈的张俪之所以对孩子进行操控，主要是因为她对失败充满了恐惧。职场的失败和人生的迷茫让她神经敏感，于是逼迫孩子好好学习。在她看来，如果不这样做，孩子成绩不好，孩子将来无法在社会上立足，无法在职场上得到认可。想到这里，她的控制欲和勒索欲便发作了。

自信心不足且总是害怕失败的人往往控制欲很强。通常来说，这类人因为之前经历过失败，或者受到过指责，面对过于苛刻的要求，不敢面对失败，他们认为一旦失败就意味着"万劫不复"。为了避免失败带来的焦虑，他们不惜推卸责任，无视他人的感受，合理化自己的要求和行为。

那么，这类人应该如何克服自己对失败的恐惧呢？

第一，分析自己害怕失败的成因。

对症下药，方能药到病除。我们要想对失败无所畏惧，就要知道我们害怕失败的原因究竟是什么。通常来说，人们之所以会害怕失败，从生理层面来说，是因为失败会导致人心率加速、血压升高、出汗等，而且面对失败，人们无法正常理性地思考，并且会做出不理智的行动。

从社会心理学的角度来看，人们之所以害怕失败，是因为家庭、学校、社会赋予人们太高的期待，导致人们为了避免受到他人的负面评价，也为了保护自己的自尊，而拼命努力；从认知心理学的角度来看，人们之所以害怕失败，是因为自己能力不够，而且自信心不足。

另外，人们对失败的恐惧程度取决于任务的难易程度和人们对失败的认知方式。总之，要减少对失败的恐惧，就要把握"病因"，这样才能更好地去除"顽疾"。

第二，了解失败的本质和意义。

俗话说，"失败是成功之母"。即使失败，也未必是一件坏事。失败中孕育着学习和成长的机会，可以为我们带来丰富的人生阅历，有利于我们积累宝贵的经验，还可以帮助我们找到继续前行的正确方向，增强挑战失败的勇气，磨炼承受失败带来的痛苦的意志，使我们拥有坦然面对困难的处世态度。

另外，失败并不是一件可耻的事情。当我们认识到这几点的时候，就不会再害怕失败。

第三，迈出第一步。

当我们被失败带来的恐惧和焦虑淹没的时候，迈出第一步很重要。俗话说，"万事开头难"。未知和不确定带来的恐惧，以及从一种惯性切换到另一种状态所需要的能量，是我们不能行动的根本原因。当我们鼓足勇气迈出第一步以后，就能在行动中验证和做出调整，而这种验证和调整带来的经验也会帮助我们增加行动的动力。

最后，我们要把自己的视角从失败转向现实，这样才能更好地从失败的恐惧当中挣脱出来。

一味操控，其实是完美主义在作祟

完美主义者做事的时候总是力求不存缺憾，哪怕是无关紧要的细节也不放过，殊不知要求完美是一件好事，但是如果做过了头，反而比不完美更糟糕。

追求完美的人不仅要求自己完美，对别人也非常苛刻。为了实现自己心中的完美主义，他们通常喜欢唠叨和操控别人，要求别人也做到他心中理想的样子。殊不知，这已经违背了他人意愿，忽略了他人的需求，进而对别人造成了情绪勒索。

所以，戒掉你的完美主义吧！无论是对别人、对自己、对工作，还是对环境，都要把握好分寸，这样才能与人和谐相处。当看到缺陷和遗憾，想要纠正时，要控制一下自己的操控欲！

福特公司的总裁曾在全体员工面前亮出他自己的五大缺点：

第一，我太在意时间。因此，我常常过分系

统化，一时之间想完成太多的事，因而面对进度落后，不免焦躁或恼怒。

第二，我绝对公私分明。这使我看来不近人情，对与公事无关的个人小事毫无兴趣。

第三，我不注重细节。我喜欢大而化之，宁可将事情简化。当进行一项重大的计划时，我常把可能延误或阻碍整个方案的问题摆在一边，先将事情做成，最后再来处理这些细节。这种做法使我不至于在旁枝末节的崎岖小径里迂回打转，绕不出来。但是，也可能因考虑不周全，失去一些机会或造成不必要的误解。

第四，我要求的价码太高。平常我觉得这是个优点，但可能也吓跑了一些我应当交往的人。

第五，我很爱吃东西。美味当前，我总是先吃了再说，吃完之后再来担心。

作为一个普通人，我们虽然不像福特公司的总裁那般领导别人，但也会像他那样提出一些极致的要求，如"绝对公私分明""过分系统化"等。在这些极致要求的驱使下，我们会忍不住操控别人，要求别人遵守自己严苛的规则，可这样做无意间就会对别人进行情绪勒索。福特公司的总裁正是意识到这些才勇敢地承认自己的缺点，并有意识地改正它。

这样的做法非但没有让员工瞧不起，反而更佩服他了。

如果你也是一个完美主义者，一定要学习这位总裁宽阔的胸怀和认错的勇气，诚实地指出自己在个性、态度、行为上的短处，放下操控他人的想法，享受生命的不完美。有时候，有些缺点恰好是一种美好的优点，不经意间铸就了另一种人生。生命中小小的残缺，如同维纳斯女神的断臂那样，显得更加真实、特别，更加美丽动人，更加大气典雅，美得更加令人心醉神迷……

最后，为大家介绍几种实用方法，以此帮助大家改变完美主义的心态。

第一，接受瑕疵。

没有瑕疵的事物是不存在的，盲目地追求一个虚幻的境界只能是劳而无功。生活绝不可能一帆风顺，遇到挫折和处于低谷时，自信和乐观尤为重要，切不可自暴自弃。我们要学会换个角度看问题：正因为生活中有让你感到沮丧、绝望的问题，你才会付出更多努力，才更懂得珍惜所得到的，即便是事情不尽如人意，即便失败，也同成功一样，是你丰富的人生体验的一部分。人只有经受住失败的磨炼，才能到达成功的巅峰，不要因为一件事未做到尽善尽美就自怨自艾。

第二，正确认知自我。

既不要把自己的能力估计得太高，也不要过于自卑。如果事事都追求完美，反而会阻碍我们做事。我们要在自己的长处上培养起自尊、自豪和工作兴趣，不要在自己的短处上与人竞争。

不要对自己太苛刻，不要为了让周围所有人都对你满意而处处谨小慎微，要有点儿"我行我素"的气魄。做事只要对得起自己的努力和良心就好，不必太在意他人对自己的评价。否则，遇到挫折就可能身心疲惫。

第三，设定短期合理目标。

实际上，当你不追求完美，只是希望表现良好时，往往会出乎意料地取得最佳成绩。设定一个短期合理的目标，寻找一件自己完全有能力做好的事，然后去把它做好。这样你的心情就会轻松自然，行事也会较有信心，感到自己更有创造力，办事更有成效。你的生活也会因此而充实起来，变得富有色彩。

第四，学会放松和排解不快情绪。

过度追求完美会让我们的情绪过分紧张和焦虑，这会影响我们解决问题的能力。而我们常常会遇到一些始料不及的事，不可能事事尽善尽美，所以我们应学会调节自己的情绪，保持规律的生活和充足的睡眠，以饱满的精神状态面对并解决问题。我们要学会通过倾诉和寻求帮助来排解不愉快的情绪，向好友、知己诉说自己遇到的困难，听听他们的建议。

除上述方法外，还有以下几种：

（1）学会接受不完美的现实。没有十全十美的人，没有十全十美的事物，这是客观事实，我们不要逃避，也不要苛求。

（2）放松对自己的要求。不要对自己过于苛刻。如果要求过高，就会形同虚设，无法达成；要求太低，则会轻轻松松过关，自身的潜能受到抑制，很不利于自身水平的提高。目标定位的原则是"跳一跳，够得着"，正因为目标合理，每次总能接近或超过目标，这样下去，才能培养起成就感和自信心，在以后的学习和工作中取得优异的成绩。

（3）对失败要重新认识。谁都会遇到失败，不同的只是失败的多少而已。失败并不可怕，可怕的是对失败的消极态度。"不经历风雨，怎么见彩虹。"我们应把失败看作自己前进道路上宝贵的反面经验，相信自己一定能成功。

（4）宽以待人。完美主义者是仔细、周到的人，但是你要小心，不要总是指出别人的错误，让人反感和紧张，也不要因为对方做事不合你的要求就牢骚满腹，尤其是对你的孩子。

勒索者想把亏欠的感觉补偿回来

一个男人在公司遭到老板的批评，心里很不高兴。回家后，看到自己的儿子在沙发上乱蹦，这让他本来不快的心情更加沉闷，他一气之下把儿子教训了一顿。

儿子挨训后，心里也很窝火，于是把火气发泄到了旁边的猫咪身上。猫咪受到惊吓，跑到街上，这时正好驶来一辆卡车，卡车为了躲避猫咪，把路边的小孩给撞伤了。

这就是心理学上的"踢猫效应"。它是指对弱于自己或者等级低于自己的对象发泄不满情绪而产生的连锁反应。"踢猫效应"描绘的是一种典型的负面情绪的传染。人的不满情绪和糟糕心情一般会沿着等级和强弱组成的社会关系链条依次传递，由金字塔尖一直扩散到最底层，最弱小的那个元素会成为最终的受害者。

情绪勒索也像多米诺骨牌一样，你剥夺我，我剥夺他，和"踢猫效应"有相似之处。

当一个人被别人情绪勒索之后，心情会郁闷、愤慨，可转头他就会情绪勒索比他更弱的人，在关系链中，那个最弱的人便成了"出气筒",身处最底端的他没有反抗的能力,只能白白挨欺负。

在《依恋与12种亲子关系力》一书中有这样一个故事:

有个女孩,她的妈妈非常疼爱她,从小到大为她付出了很多,可是她对妈妈却心存芥蒂。

为什么她如此不懂感恩呢?原来,每当她不听话或者成绩不好的时候,她的妈妈就会说:"我为你付出了那么多,你不好好学习,你对得起我吗?"然后诉说自己多么辛苦,整天累死累活,家里人还不领情。当爸爸妈妈吵架之后,她的妈妈会向她倾诉她的爸爸多么不体谅人、无能、没本事,又说自己嫁到这样的家庭多么不幸,婆家无人疼惜她,等等。

被情绪勒索后的女孩心情非常压抑,她发誓:"以后我当了妈妈,绝对不会像我妈那么烦人,自己的事情自己解决,绝不会把压力强加给孩子。"

可是等她长大以后才发现,自己竟然在复制粘贴妈妈的行为。她会经常唠叨自己的孩子,用让孩子内疚的方式督促其学习。有一次,她和丈夫吵完架,将气全部撒在了自己的孩子身上。"我为了这个家累死累活,怎么一个个都不领情?"说完这句话之后，她惊呆了，因为她发现自己和母亲当时的腔调一模一样。

"我当时忍不住大哭。我讨厌我妈这样对待我，好像她的不幸都是我造成的，其实这些不幸跟我又有什么关系，我不需要为她的人生负责。但是现在我却像我妈对我一样对待我的孩子，一想到她可能会像我小时候那样痛苦、压抑，我就觉得特别对不起她。我真恨我自己。"这个已为人母的女子对别人忏悔自责道。

当一个人心理失衡的时候，就会想办法从别人身上把这种亏欠的感觉补偿回来。在这个案例中，妈妈情绪勒索女儿，女儿也情绪勒索了自己的女儿。在此过程中，这个女子既是勒索者又是受害者。

通常来说，这种多米诺骨牌式的情绪勒索就连当事人自己都不易察觉，他们不知不觉就会陷入这种不健康的关系，从受害者转变成加害者。当你察觉到自己不小心参与到这个关系链中时，一定要有意识地为自己树立清晰的界限感，尊重别人的想法和感受，把别人的选择权还给他，这样才能避免情绪勒索给他人带来的伤害。

与斤斤计较的人相处是一种灾难

在这个世界上总有这样一群人,他们喜欢斤斤计较、小题大做,遇到芝麻绿豆大小的事情,也会抓着不放,不断猜测、联想,直到把事情严重化,最后一发不可收。通常来说,这类人认知层次较低,心胸狭窄,而且总喜欢控制别人,他们希望周围的人都按照他们的期望和标准去做,如果别人不顺从,他们就会非常愤怒或沮丧。

晓晨和妻子周末去和朋友聚餐。在正式动筷子之前,妻子要求晓晨先用热水把饭店的餐具烫一下,晓晨当时忙着和朋友聊天,没有按照妻子说的去做,结果惹恼了妻子。妻子越想越气,后来竟然当着众多朋友的面直接把陈年旧账一起翻出来教训晓晨,一点儿也不给晓晨留面子。

晓晨被妻子数落得抬不起头来,无奈之下只能提起热水壶把餐具冲洗了一遍,妻子这才闭上了唠叨的嘴巴。

吃饭前要不要用热水冲一遍餐具，本身就是一件无关紧要的事情，可故事里的这位妻子却非常在意，为了迫使丈夫听从她的指示，竟然不顾丈夫的脸面，当众训斥他。这种操控行为在伤害别人的同时，也有损自己的形象。

一个人，如果不知道适时为亲人让步、为朋友让步、为爱人让步，喜欢斤斤计较，对身边的人来说，是一种灾难。

喜欢斤斤计较的人要认识到这种性格带来的弊端，并且积极改正。

第一，斤斤计较的人人际关系很差。

一个人说话做事若总喜欢小题大做，就会被贴上"矫情""小气""自私"等负面标签。这些标签会让人感觉你很不好相处，为了不给自己招惹麻烦，与你交往的人会越来越少。

第二，斤斤计较的人也会被人斤斤计较。

网上有一句话说得非常有道理："在生活中，你是别人的一面镜子。别人如何去折射你，取决于你用人性的哪一面去照耀他。"与人相处，态度决定一切，斤斤计较的人也会被人斤斤计较。

认识到斤斤计较的危害之后，可以通过下面几个方法调整这种心态。

第一，多考虑他人的利益和感受。

斤斤计较的人总是过多地关注自我感受而忽略他人的利

益需求。

因此,当你想要在小事上操控别人时,要先考虑一下别人愿不愿意。如果别人觉得无关紧要,那你也要学着慢慢放下这些琐碎的事,毕竟对于大局而言,这些芝麻绿豆大的事情确实起不到什么大的作用。

第二,学会宽容和忍让。

在一个集市上,有一位女士的生意非常好,这引来了竞争者的嫉妒。于是他们有意无意地把垃圾往她的摊位跟前清扫。

对此,这位女士并没有过多计较,而是笑着说:"我们家乡过年的时候,人们会把垃圾往家里扫,这代表着财运。现在每天有人给我送'财',真是太开心了。"从此之后,大家再也没有把垃圾扫到她这边。

俗话说:"心宽境自阔。"做个宽容和忍让的人,你会发现自己打开了一道新世界的大门,门里充满友善和温暖。

第三,提升自己的格局。

不要把自己框在一方小小的天地里坐井观天。去阅读、去旅游、去经历、去感受,你会发现自己的视野和格局慢慢扩大了。

此时,你便不再对一点点小事斤斤计较。见识过世界之大、天地之广,当你再回过头来面对同样的人和事时,你的心境会豁然开朗,就算看到别人不按照你的想法行事,你也会淡然一笑,坦然接受。

　　人生路很长,一味地计较鸡毛蒜皮的小事会让你失去更广阔和更丰富的人生。不要再斤斤计较,不要再操控别人。宽容大度会换来别人的好感、友情、赞赏、合作;反之,你会陷入孤独、寂寞、愤怒的情绪,寸步难行。

阅读提示：
这些常用话术可以帮助情绪勒索者自查

在一段情绪勒索的关系里，勒索者和被勒索者的关系非常亲密，他们可能是血肉至亲的父子或者母子，也可能是形影不离的朋友，还可能是亲密无间的夫妻。不过，关系再亲密、情分再深，情绪勒索也会在不经意间发生，这种情绪勒索对于勒索者而言是无意识的。下面几个情绪勒索者的口头禅，大家不妨自查。

"你必须让我知道行踪……"（缺乏安全感）

"我是你妈妈，当然要管你。"（关心过度）

"我不要你以为，我要我以为。"（以自我为中心）

"你必须考上重点大学，否则你的人生就完蛋了。"（害怕失败）

"我不能容忍你有任何差错……"（完美主义）

"你再努力一些，就更好了……"（完美主义）

"怎么连这点儿事情都做不好,你有什么用!……"(贬低别人的价值)

"如果你再吃吃吃,我们就一刀两断。"(威胁别人)

"你必须按照我说的做。"(强势要求)

"你再敢不听话,我就死给你看。"(威胁别人)

"为了你,我付出了这么多,你怎么能这样对我?"(强调自己的牺牲,道德绑架他人)

"别人能做好,你怎么就做不好?"(消极对比)

"你真是让我太失望了。"(给别人制造内疚感)

"年轻人要多吃苦!"(为情绪勒索做铺垫)

"也就是我,别人有谁和你说这些?"(拉近关系,打破对方的心理防线)

"我就知道你热情能干……"(夸奖他人,以此套路他人帮自己完成某个任务)

…………

这些情绪勒索的话术对于被勒索者而言,伤害性非常大,他们会因为勒索者的某个过分要求而顶着巨大的精神压力,进退两难,焦虑愤怒,自我内耗,无法正常生活。如果情绪勒索者不能自查自省,戒掉操控他人的欲望,迟早会失去这段亲密关系。

第四章

情绪勒索的四大杀器，需善于躲避

按自己喜欢的方式生活不叫自私，要求别人按自己喜欢的方式生活才叫自私。

——［英］王尔德

情绪勒索者都非常聪明，他们为了达到操控目的，常常精准把握被勒索者的痛处，利用恐惧、责任感、罪恶感来迫使对方服从。这些都是情绪勒索者的武器，我们要善于躲避。

利用你的恐惧感：量身定制一套方案

王敏的家庭观念很重，所以生产后就成了全职妈妈，在家照顾丈夫及孩子的生活起居，而失去了自己的独立性。

当孩子渐渐长大，丈夫事业不断发展时，她感觉自己与父子二人的关系越来越生疏。在一次偶然的机会，她发现丈夫出轨的证据，愤怒之下，她提出了离婚。

可接下来，婆家人的一通劝说让她内心产生了深深的恐惧感。

婆婆说："孩子啊！你老公是做得不对，可你也不该有离婚的念头啊！离了婚受罪的是你和孩子，你一个人带着孩子，无依无靠，而且你十多年没上过班了，拿什么养活孩子啊？"

老公的姑姑说："你十多年没进入社会了，不知道现在人们是如何看待离婚女人的。而且孩子也不小了，上大学、结婚，哪样不花钱？谁愿意接这么大个负担啊！"

小姑子说："嫂子，你就再考虑考虑吧！难道你忍心看着十多岁的孩子失去父爱吗？以后他看见人家一家三口出去游玩的场景，心里得多难过啊！"

经过全家人的一番游说，王敏那颗坚定离婚的心也慢慢动摇了。

此时，丈夫也向她保证，以后会回归家庭，不会再在外面拈花惹草了。

无奈的王敏给自己做了很多心理建设，好不容易才又决定继续这段婚姻。她知道不应该原谅丈夫，可是她的内心充满了恐惧，只能屈服，将婚姻继续下去。

在情绪勒索中，勒索者很懂得把握被勒索者的心理，他们知道对方的软肋是什么，于是握着对方的软肋，在对方心里种下恐惧的种子。被勒索者则在恐惧心理的支配下不得不向勒索者妥协。

上面故事中的王敏如果离婚，未来的路的确艰难。多年全职在家的她早已和社会脱节，离婚后如何养活自己和孩子、如何面对周围人异样的眼光、如何给孩子健康的生长环境、如何修补孩子受伤的心灵等问题，个个都很棘手，以她目前的能力很难解决，所以恐慌和无助紧紧缠绕着她，让她动弹不得。

丈夫和婆家人正是把握了她的这种恐惧感，才肆无忌惮地对她进行情绪勒索。

要想不被亲人情绪勒索，就一定要让自己强大，不管是经济能力还是解决问题的能力都要提升。只有这样，才能扫除恐惧，勇敢为自己发声，坚定地保护自己的利益。

借助你的责任感：索取有偿回报

张鲁的母亲是一个性格强势的女人，和张鲁的妻子经常因为孩子穿什么样的衣服、穿多少衣服，周末起床早晚，网上购物等事情发生争吵。一旦张鲁出面调解，母亲就会不停地哭骂儿子不孝顺，诉说自己是多么不容易地将张鲁养大、娶妻生子，现在年纪大了，张鲁竟帮着媳妇欺负娘。

张鲁面对母亲的哭闹，无力回击。他心里深深地感激着母亲的付出，出于对母亲的孝顺，他不愿反驳母亲。可要是任由母亲这样强势下去，妻子也受不了，身为"夹心饼干"的他陷入了左右为难的境地……

每个人都会受各种规则和条件的约束，我们把它们称为责任。身为父母的孩子，我们是儿子和女儿，有孝敬、尊敬、赡养父母的责任；身为父母，我们是爸爸、妈妈，有教育和抚养孩子的责任；身为职场人，我们是公司的员工，应该爱岗敬业、恪尽职守……总之，每个人都有多重身份，肩上背负着很多责任。当然，也正是因为这些责任，情绪勒索者才有了可以利用的工具。

上面故事中的这位母亲正是利用"小辈尊重和孝顺长辈"的责任感对儿子和儿媳进行情绪勒索。按照常理来说，张鲁已经和妻子组成了一个新的家庭，妻子才是这个家里名正言顺的女主人，她对给孩子穿多少衣服、几点起床、买什么东西有一定的话语权和决定权。母亲却通过不断强调自己的恩情来暗示儿子和儿媳："我对你们已经够好了，你们要记住自己的责任，不要忤逆我，要听我的。"这两个年轻人被孝顺的责任绑架着，束手束脚，没有自主的权利，内心十分煎熬和痛苦。

在一段亲密关系中，当所有的"爱"和"自愿"全部被"义务"和"责任"代替时，这段关系就变质了。勒索者如果妄图通过施恩对他人进行情感绑架，那他的付出也并非真心，只是为了日后索取回报预先做准备罢了。作为一个被勒索者，没必要为了自己肩上的责任，连本带利地偿还这笔"没有上限的贷款"，有时候就算你委曲求全、入不敷出，那个施恩者也未必会感念你的各种付出。

引发你的罪恶感：达到一定目的

田蕾本来和闺密约好周末一起参加画展，可到了约定的时间，田蕾却遇到突发事情。原来，田蕾的丈夫突然要求她周末去车站接他大伯一家。因为有约在先，田蕾拒绝了丈夫的请求，可丈夫却依旧固执地要求妻子去车站接人。

田蕾拒绝，丈夫就罗列出了一大堆大伯过往的"恩情"，给田蕾制造愧疚感："你怀孕时吃的那些核桃和大枣都是人家送过来的。""每次回老家，人家都热情招待咱们。"等等。

经过丈夫的一系列输出，田蕾的内心渐渐产生动摇，但她还是不想爽约，毕竟自己答应闺密在先。她建议两个老人打车，车费自己承担，可丈夫一口回绝，并且以"忘恩负义""不在乎我的家人"等话术持续给田蕾施压。

田蕾心里很不是滋味。对于丈夫的要求，她心里抗拒，可如果不顺从的话，好像自己犯了不可饶恕的错误一样。

在一段存在情绪勒索的关系里，有些勒索者很善于利用你的罪恶感做文章。作为一个普通人，我们有良知，有责任感，一旦违背自我和社会规范，内心就会泛起罪恶感。罪恶感是一种糟糕的情感体验，大家都会尽量回避它，而避开它的方式就是自觉遵守道德标准，不做伤害他人的举动。可尽管如此，罪恶感还是像警报器那般敏感，时不时就跳出来撞击我们的内心。比如，好朋友向我们借钱，尽管我们手头也很拮据，但如果不借的话，总感觉对不起对方，心中充满罪恶感。

那些勒索者抓住我们的正义感和责任心，不断提醒我们："你有责任和义务去满足我的需求。"正如案例中田蕾老公那样，当他听到老婆不愿意去车站接自己的亲戚时，就搬出亲戚昔日对他们的恩情，迫使老婆顺从自己。如果田蕾不去，就意味着她忘恩负义、自私自利、目中无人、言而无信，这么多"罪名"编织在一起，田蕾的罪恶感被成功激发。

当被勒索者在勒索者的语言攻势下，不得已戴上"应该怎么做才对"的紧箍时，那种"我很差""我不对""我让别人失望"的糟糕感觉就会萦绕在他们心头。

此时，被勒索者的内心已经动摇，渐渐地向勒索者的要求靠拢。为了达成自己的目的，勒索者还会再添一把"火"，向被勒索者释放"你要是满足我，你就很棒 / 你就很爱我 / 你就很乖 / 你就是好人"的信息，被勒索者很快便招架不住，乖乖顺从勒索者的意思。故事中的丈夫为了让田蕾听从他的安排，最后还搬出了夫妻情分，向田蕾灌输"如果她不去接人，那就是不在乎自己的丈夫，给丈夫抹黑"的想法，田蕾为了"对得起丈夫"，"自我感觉"好一点儿，不得已放弃和闺密的约定，按照丈夫的要求去做。

当然，在情绪勒索中，有些勒索者为了更好地达成自己的目的，还会贬低被勒索者，降低他们的自信心。比如："你能力这么差，我还是愿意给你机会，可你让我失望了。"这样的话无疑会增加被勒索者的痛苦感和愧疚感。被勒索者为了减轻自己的罪恶感，为了获得勒索者好的评价，会尽力满足其需求，获得其肯定。对于被勒索者而言，勒索者的肯定就像是一块浮木，抓住这块浮木，就意味着自己离"罪恶"远了一点儿，殊不知，这正是勒索者设下的陷阱。

剥夺你的安全感：越软弱越打击

从前有三个兄弟，他们向一位智者打听自己的命运。智者得知他们的来意之后，问了他们一个问题："据说，在遥远的某个国家的一个寺庙里，有一颗价值连城的夜明珠，如果我要你们把它取回来，你们会怎么做？"

大哥说："我天生淡泊名利，对夜明珠不感兴趣，对我来说，它就是一个普通的珠子，所以我是不会去取的。"

二弟拍着胸脯说："不管千难万险，我一定要把这件事情做到。"

三弟则一脸愁容，他说："这个国家那么远，此行凶险异常，只怕还没取到珠子，命就没了。"

智者听了他们的回答，笑着说："你们的命运早就注定了。大哥生性淡泊名利，所以无法大富大贵，但是品行高洁，将来会得到别人的赏识和帮助。二弟性格坚毅果敢，意志坚强，不畏艰险和困难，将来可能是有出息的大人物。三弟性格懦弱，凡事犹豫不决，将来难有作为。"

性格坚强、不畏困难的人遇到命运的刁难，会勇往直前，正面回击，最终突出重围。而胆小懦弱的人，面对挫折和难题，柔柔弱弱，缺少安全感，往往吃尽苦头。

困难就像弹簧，你强它就弱，你弱它就强。不论面对什么样的困难，一定要强硬起来，不能像故事中的那位三弟一样胆小怕事、畏首畏尾，否则只有被欺负的份儿。

张萌是一个性格温柔，说话细声细气的小姑娘。她有一个骄横霸道的妹妹，这个妹妹经常借故欺负张萌。

有一次，张萌上学快迟到了，妹妹还非逼着张萌给自己让卫生间。张萌不愿意，妹妹就大发脾气，不停地哭闹，在地上打滚。父母听见动静后，依旧像往常一样，说了一句不痛不痒的话："你是姐姐，你让着点儿妹妹吧。"

张萌听后一阵心酸，她都数不清这是第多少次委屈自己了。久而久之，张萌的性格变得越来越软弱，因为她知道无人为自己做主，妹妹却在姐姐一次次的忍让中变得肆无忌惮。

网上有一句话:"善良没有长出牙齿就是懦弱。"诚然,姐姐善良大度,让着妹妹本无可厚非,但若是这个忍让没有底线,就会让姐姐沦为"受气包",在妹妹的一次次威逼和胁迫下受尽委屈。在生活中,如果你也像故事中的姐姐一样,是一个情绪勒索的受害者,要想打赢这场逆风局,就必定要丢弃自己的软弱和无助,这样才能更好地保护自己的正当权益。

当别人勒索你的时候,你的软弱只会增加对方肆无忌惮的资本,只有你变得强大了,才能击败那些欺软怕硬的人。

阅读提示：
识破情绪勒索操控伎俩，建立稳定的精神内核

很多情绪勒索者都有操控别人的伎俩，不管对方利用你的恐惧感、责任感、罪恶感，还是无力感，都不要相信他。当他用这些伎俩质问你、威胁你时，你应该自问如下几个问题：

第一，我是否真的像对方说的那般软弱。

当勒索者用言语威胁你、给你制造恐惧感时，你要问问自己是否真的会害怕他们描述出来的这些情形。比如，当有人说："你要是还不结婚，村里人都会笑话你，他们的口水都能淹死你。"

这时，我们要认真思考，自己是否真的会害怕周围人异样的眼光，是否会和这些不相干的人产生过多的交集；当别人嘲笑你时，你是否有能力坚定回击。若你得到的答案是肯定的，那就不要被勒索者的虚张声势吓倒。

第二，我的行为是否违背了公序良俗。

当对方情绪勒索你时，你应该反思一下自己的行为是否有不妥之处，是否违背公共秩序，是否违背社会道德，如果都没有，那就没必要因为别人的一句话而改变自己。

第三，我是否需要对某件事负责。

当对方用责任感对你进行情绪勒索时，你要先明确自己的职责范围，如果对方的要求在你的职责范围之内，那就不算情绪勒索，适时履行自己的职责便可；如果对方的要求超出了你的职责范围，那就果断拒绝，不要因为没有听从他的指示就心生愧疚，你本来就不需要为他人的不快负责。

第四，我的所作所为是否出自恶意。

当别人装无辜、扮可怜，试图唤起你的罪恶感时，你要反思一下自己的行为是否出自恶意，是否非常残忍，是否在虐待对方，是否有侮辱性和贬损性，是否对对方造成了实质性伤害。如果得到的答案是否定的，那么你无须感到罪恶，这只是勒索者操控你的一种手段而已，不必理会，更不必为了所谓的"正义"委屈自己、成全他人。

上述这些自我提问，可以帮助我们建立稳定的精神内核。当拥有了一颗强大且坚韧的心脏时，我们就能无惧对方的情绪勒索，以从容、自信的姿态轻松应对。

第五章

具备这几种特质,很容易沦为他人的提线木偶

善良是很珍贵的,但善良没有长出牙齿来,那就是软弱。

——佚名

情绪勒索是一种互动下的产物,如果没有受害者参与,情绪勒索者即使本事再大,也无法独立完成。我们要提升自己的认知,进行合理的判断,以防沦为别人的提线木偶。

极度渴望爱的人总会"饥不择食"

奥地利心理学家阿德勒曾经在一本书中写道:"幸福的人用童年治愈一生,不幸的人用一生治愈童年。"许多人的童年缺爱,所以他们会寻求爱与被认可。在此过程中,哪怕他们碰到特别糟糕的人,不断受到别人的打压,也依然不改心中认可的那份爱。有些人为了获得一个肯定的回应,或者留住某段关系,甚至幻想着通过努力来感化、改变对方,而这也给了对方操控他的机会。

童年的小洁生活得孤独且清苦。为了生计,父母早早地就去城里打工了。小洁从小就没有感受过父母的疼爱和认可,这导致她一度以为自己是孤儿,孤独和无助紧紧地缠绕着她。上大学后,在一次社会实践活动中,她认识了现在的男朋友,男朋友对她的关爱就像救命稻草一样,让她感受到了生命中久违的温暖。

刚开始的时候男朋友对她很好,平日里会对她嘘寒问暖，照顾有加，可随着时间的推移，小洁越来越感受不到男友的爱了。

有时，男朋友甚至自以为是地批判她，要求小洁做一些她不喜欢的事，比如必须留又长又直的头发、必须穿淑女风格的长裙等。小洁告诉男朋友："我有自己的审美趋向，我不喜欢那种柔柔弱弱的淑女风，我喜欢舒适宽松的休闲风格，你不要再给我提要求了。"

可男朋友对小洁的需求置之不理，仍然固执地要求小洁按照他的意愿行事。小洁也意识到男朋友并非相伴一生的良人，也知道自己不可能事事都满足对方的要求，于是她尝试跟男朋友分手，可她又特别贪恋这种被人疼爱的感觉，提出分手后，男朋友只要抱一抱她，说几句贴心的话，她瞬间就能找到被爱的感觉，然后光速和好。

有人说：缺爱的人，往往因极度渴望被爱而"饥不择食"。这是有一定道理的。缺爱的人因为没有看到过健康的关系，没有体验过好关系的持续滋养，所以总是贪恋别人那一点点温暖。他们常常像飞蛾扑火一般扑向那些少得可怜的光和热，殊不知在拥抱温暖的同时也被烧得遍体鳞伤。

《煤气灯效应》中的一段话精准地概括了缺爱者的心理：

"我们极度渴望某段关系有好结果。离开或疏远一段关系都可能会引发严重的孤独感。它似乎远比最糟糕的煤气灯操纵者还要痛苦和可怕。于是我们把煤气灯操纵者理想化，而不去面对令人不悦和不满的现实。"

可事实是，如果我们不去面对这些"令人不悦和不满的现实"，那我们就要一直被别人情绪勒索，从此一直在关系里处在被动的位置，精神也会受到很大的折磨。

人生是一个不断成长的过程，与其受制于人、痛苦不堪，不如勇敢一些，果断制止对方或脱离与他之间的关系，这样才不至于在一段糟糕的关系里不断地精神内耗、蹉跎自我。

低价值感的人更容易被人情绪勒索

在生活中，如果你仔细观察，会发现有这样一类人：他们与人交流时，经常笑脸相迎，有时候即便热情不起来，也要硬挤出一抹僵硬的微笑。尤其是面对陌生人或者权威人物，经常一副诚惶诚恐、小心翼翼的样子。别人稍微对他好一点儿，他就受宠若惊，说出一连串的敬语表达自己的感激，毕恭毕敬，好像低人一等的奴仆一般。

具备这种特征的人，通常有一个很严重的问题：低价值感。拥有低价值感的人，通常认为自己不重要，遇到喜欢的人，他们会觉得自己不够好、配不上，不敢表白；面对心仪的职位，只要稍微踮踮脚就够得上，但是因为否定和低估自己，所以会把大好的机会拱手让人。总而言之，低价值感的人总是在一次次的退缩中让自己的人生失去色彩。

通常，低价值感的人胆小怯懦，对自己极度不自信，所以他们很渴望得到来自别人的认可。当然，也正因如此，才给了那些情绪勒索者可乘之机。

周围的人都说李丽配不上她的男朋友，听得多了，李丽也认为如此。所以，在交往期间，对于男朋友的要求，她几乎有求必应，甚至有点儿卑躬屈膝。

有时因一点儿小事，男朋友就会莫名发火，李丽也都会不分对错地将责任揽到自己身上，向男朋友认错。有时她也想质问男朋友，可话到嘴边又咽了下去，她暗自思忖：他心里不痛快，想吼几句就吼几句吧！谁让他样样都很优秀呢！是我配不上他，让着点儿他也是应该的！

男朋友见李丽如此好说话，之后更加肆无忌惮，说什么、做什么都是自做主张，从不考虑李丽的感受，在他眼中，李丽就是一个随意牵引的提线木偶。

心理学家认为，低价值感的人无论自身如何坚强、聪明、能干，都意识不到自己正在遭受情绪勒索，反而把勒索者理想化，并迫切想获得他的认可。案例中的李丽就是这样的典型。

李丽不明白，她之所以能找到条件好的男朋友，是因为她本身就很优秀，如果她没有魅力，怎么可能吸引到男朋友的目光，并且同意和她相处呢？

在她看来，自己是微不足道的，所以当男朋友提出过分的要求或者做出过分的事情时，她总是一味忍让，如男朋友对她发火时，她也会默默接受。总之，低价值感的人总是无法认可自己，他们总是通过迁就的方式获得别人的认可，到头来被别人情绪勒索也不自知。

一个人之所以价值感低，主要与其童年生活有关。在其成长的过程中，如果没有得到父母无条件的欣赏和认可，"我不行""我不好"这样的观念便会逐渐内化，长大后会过于迫切、盲目地寻求外部认可。

"你看邻居家的小姑娘，每次考试都是班里前五名，你呢？""你这次考得还行，但是不要骄傲，你们学校厉害的人太多了，你还要多多努力！"这样的话总是让孩子觉得自己还不够好，于是在一次次的自我怀疑中，把定义自我价值的主动权交出去。

在这种成长背景下长大的孩子往往容易形成这样一种观念："无论对方做了什么，我都要无条件地爱对方，说不定哪一天他就变了。"

如果对方打压、否定低价值感的人，低价值感的人也会无意识地自责："肯定是我不好。"不仅如此，低价值感的人还会试图理解对方，然后去改变自己。殊不知，我们越无条件地纵容对方，就越得不到对方的爱，甚至得不到对方的尊重。

如何才能摆脱由低价值感带来的情绪勒索呢?

首先,我们要接纳不完美的自己。每个人都不是完美无缺的,我们没必要因为一点儿缺陷就陷入自我怀疑,更不要妄自菲薄,把别人的话当作评判自我的标准。

其次,我们要相信自己的直觉,倾听自己的感受。对方有没有让我们感到难过、委屈,这一点很重要。如果和对方的相处让我们很不舒服,不要觉得自己卑微,更不要觉得不好意思,而要勇敢地说出来。如果我们软弱可欺,别人就相当于抓住了对我们进行情绪勒索的武器。

"好学生心态"无法破解
情绪勒索的困局

从小学校就教育我们要无私奉献、乐于助人，要帮助同学；家长告诉我们要听父母的话，好好学习，不许跟同学打架，做个乖孩子；社会告诉我们要遵纪守法，做一个积极向上的人，为社会主义建设添砖加瓦。

在大家殷勤的期待下，大部分人练就了"好学生心态"，即为了完成他人的期待而改变自己的言行举止，努力成为他人眼中的"好学生"。有"好学生心态"固然是一件好事，可以促进彼此关系的和谐发展，但是有"好学生心态"的人往往在做事情时很害怕出错，高度服从外界，习惯性地讨好他人。比如，过年回家，你本想放下一年的疲惫，躺在床上美美地睡个懒觉，可"好学生心态"让你坐卧不安，即便躺在床上，心里也被不忍让辛劳了一年的父母招待来来往往的亲朋这样的愧疚充满。

当你选择做一个大家口中的"好学生"时，你会发现自己很难拒绝别人的各种要求，接着会不知不觉地成为别人情绪勒索的对象。

现实生活中，别人会给我们无数个当"好学生"的机会："我的工作有点儿多，你可以帮忙分担一点儿吗？""我现在实在太忙了，你帮我拿一下快递好不好？""你做事认真细心，可以帮我把这份稿子校对一下吗？"如果你有"好学生心态"，往往很难拒绝这样的要求，因为你不希望别人讨厌你，不希望看到别人为难和失望的表情，不希望别人觉得自己难相处。

对此，处世专家给大家的建议是：当你的利益不受损害时，你可以适当伸出援手，帮大家一把；当你的利益和别人的要求发生严重冲突时，你也要学会捍卫自己的利益，不要怕给别人造成困扰，也不要怕别人遭到拒绝时失望的眼神，拒绝别人并不意味着你不近人情，拒绝别人也并不意味着你就是错的。只有看清楚这个事实，你才能摆脱别人的情绪勒索。

太善解人意，是对自己的残忍

在现实生活中，有这样一类很受大家欢迎的人：他们同理心很强，也很善于察言观色，能够准确、及时地捕捉到别人的情绪和需求，并且给出正面的回应。和这类人交往，人们能感受到他们的热情和体贴。这类人通常会被人们贴上善解人意的标签。

善解人意是一种美好的品质，拥有这种品质的人在人际交往中往往很受欢迎，人们对他们很信赖，也很喜欢。不过，凡事都有两面性，对于被体贴、被照顾的一方，善解人意确实令他们受益无穷，但是对于给予他人关心和支持的一方，善解人意似乎并不那么美好。

善解人意对于他们而言，就意味着关注他人的需求和感受而忽略自己的内心世界；同时，善解人意的人有时还需要违背自己的意愿，或者牺牲自己的利益去帮助、成全别人，到头来，别人的日子在自己的帮助下风生水起，而自己却过得一塌糊涂。

赵菲是一家新媒体公司的运营，她很有能力，也很懂得关心和照顾他人，因此没多久就得到了领导的器重，升职成公司的中层领导。

本着"能者多劳"的原则，领导总想分配给她一些不属于她职责范围的事情。善解人意的赵菲总是不忍拒绝，乐呵呵地接受工作。可时间久了，这些额外的任务不降反增。为了不让领导和其他部门的人失望，她常常加班到很晚才能将任务全部完成。赵菲有限的时间被压榨后，照顾孩子的重任全部落在了丈夫身上，丈夫怨声载道，他们好几次都吵得不可开交。

面对堆积如山的工作和乱糟糟的家庭关系，赵菲有苦难言，可一贯被大家认可和器重的她又不忍心驳回领导布置的任务……

太善解人意，是对自己的残忍。善解人意的赵菲虽然得到了领导的器重，职位得到了晋升，获得了很好的人缘，可在一次次的被迫迎合中她也失去了自我，疲惫无助。

畅销书作者慕颜歌在《你的善良必须有点锋芒2》中这样写道："我才知道世界上有如此多的暴力与欺凌，有无数在黑暗中的人，他们在职场上被上级欺压、下级欺骗；在家里被抱怨责骂，甚至殴打；在朋友圈里害怕得罪人而不敢拒绝人，自己内心的痛苦和压抑无处诉说，因为没有人相信，甚至没人愿意听，于是才有了各种因为自己无力反抗导致的抑郁、失眠、孤僻甚至自杀等。各种来自社会关系的灾难层出不穷，全都因为我们无底线的善良，让社会给了我们无尽的绝望。"

因此，我们的善良要有点儿锋芒。在给予这个世界善意的同时，也要记得关注自己的内心，保持独立自主的人格。我们的善解人意要拿捏好分寸，接受能接受的，拒绝该拒绝的，这样才不会被别人的情绪勒索所裹挟。

认知层次越低，越容易被情绪勒索

通常，认知层次低的人只守着自己的一亩三分地，见识少，也缺乏主见，很容易被别有用心的人操纵。

小翠是一家餐饮店的服务员，工作期间她交了一个男朋友。经过一段时间的交流，二人正式确立了恋爱关系。小翠对自己的男友很满意，每当提及男友，小翠总是心满意足地跟同宿舍的人说："我男朋友是见过大世面的人，他说外面的世界可精彩了，以后结婚了要带着我去大城市定居，让我跟他一起享福去。"

舍友及家人对小翠的男友都没有什么好印象，都劝小翠别被男友的花言巧语蒙骗，不要因为自己对外面的世界了解少，就以为男友说的话都是真的。

小翠觉得舍友和父母不了解男友，"学得好不如嫁得好，我跟着他会享福的！"小翠不耐烦地丢下一句话就离家出走了。

后来，小翠如愿嫁给了男友，可婚后的生活却不尽如人意。她虽然跟着男友来到了更大的城市，却并没有过上当初男友许诺的生活。有时疲惫不堪的小翠会对丈夫发火，可这个男人依旧给小翠"画饼"："男人三十而立，我现在还年轻，以后有的是机会，你就耐心等着吧！等我哪天找到一个好机会发了财，一定让你吃香的喝辣的！"小翠听后赶紧埋下头，加快了干活的速度。

一个人认知越低，知识盲区越多，对某种观念越固执。所以，当舍友和母亲劝小翠时，她总自以为是，固执地以为跟着男友会有很好的前途。她哪里知道，人性复杂多变，外面的世界也充满了困难和挑战。小翠缺乏这样的认知，无法识破丈夫的套路，最后一步步走进了丈夫设计好的勒索陷阱。

电影《教父》里有一句台词："在一秒钟内看到本质的人和花半辈子也看不清一件事本质的人，自然是不一样的命运。"

不断学习，坚持深度思考，构建完善的知识体系；走出狭窄逼仄的环境，提升自己的眼界和格局。这样才能在这个瞬息万变的时代站稳脚跟，才能不被人轻易操纵。

《认知税》里提到一个概念,叫"认知坐标"。具体来说,就是每看到一条消息,我们都要从下面的四个维度进行思考:第一,这件事情本身是表象还是真相;第二,这件事情的出现是偶然还是必然;第三,它是否隐藏了某个真实的逻辑;第四,它的出现预示了什么样的倾向。

如今我们能接收到的信息太多太杂,而那些勒索我们的人会带着真假难辨的信息对我们进行操控。因此,我们要提高认知,建立认知坐标,构建完善的认知体系,这样才能看到真实的情况,从而不被他人蒙蔽和利用。

过度依赖他人是一场灾难

《思考,快与慢》中提到这样一个实验:实验人员分别向两批人提出两个不同的问题,第一个问题是:"远处那棵树比 350 米高还是低?你觉得它的实际高度是多少?"得到的答案是:那棵树高 250 米。

第二个问题是:"远处那棵树比 60 米高还是低?你觉得它的实际高度是多少?"结果却得到了 85 米的答案。

面对同样一棵树,实验人员埋下了不同的信息诱饵,导致大家做出了不同的判断。这个实验向我们传递了一个信息:不要过度依赖别人,否则你会受到别人的诱导,无法看清楚自己的内心,最终很有可能一不小心就掉进了别人的勒索陷阱。

张璐有一个谈了五年的男朋友,后来二人因为一些琐事吵着吵着就分手了。可分手后的张璐依旧没有改掉事事依赖前男友的毛病。在日常生活中,她还是会忍不住询问他:"土豆炖牛腩要放什么调料？""怎样更改无线网密码？""冰糖炖雪梨的食材配比是什么样的？"

刚开始的时候，前男友很是烦恼，他不屑回答这样的问题，总是对她爱搭不理。

后来，前男友渐渐感觉日子有点儿枯燥乏味，于是开始和张璐一起吃饭、看电影。面对前男友提出的复合要求，刚开始的时候，张璐坚决不同意，可架不住前男友甜言蜜语的攻势，于是天真的她对未来充满了期待，甚至对前男友过分的要求也不再抗拒。

二人复合后，张璐彻底离不开男友了，在日常生活中，唯男友马首是瞻，完全失去了自我独立的能力。

《人生中不可不想的事》一书说："你总是依赖着别人给你快乐。这不只是外在肉体的依靠，而是内在的、心理上的依赖，从中你获得所谓的快乐。一旦你这样依赖别人，你就变成了奴隶。"

这句话精准地道明了故事中张璐的处境。因为她对于男友太过依赖，就连分手了也把握不好相处的界限，这给了男友进行情绪勒索的机会。当男友提出复合要求时，虽然她开始是拒绝的，可深深的依赖心理依旧让她逐渐妥协，最终失去自我，完全听从男友安排生活日常事务。

依赖本质上是一种信任。适度的依赖可以调剂双方的感情，让关系升温，可过度的依赖容易给别人带来负担，同时也给别有用心的人创造了情绪勒索的机会。因此，为了避免这种情况的发生，我们要学会反思自己，问问自己哪些事情是可以独立完成的，哪些事情是需要依赖他人的。当你情绪郁结时，尝试着忍住向他人倾诉的欲望，锻炼自己的情绪调节能力；面对生活的挑战和困难，要有意识地提高解决问题的能力，这样才能从根本上避开别人的情绪勒索。

阅读提示：

丢掉五种心态，就不会被别人情绪勒索

毛姆说："心软和不好意思，只会杀死自己。理性的薄情和无情，才是生存利器。"生活在这个纷繁复杂的社会里，要想不被人情绪勒索，就要戒掉心软的毛病，学会拒绝，让自己浑身带点儿刺，这样那些想情绪勒索你的人才会因为害怕而对你敬而远之。

那么，如何做一只合格的"刺猬"呢？我们需要丢掉这五种心态：

第一，过度需要别人的认可。

得到他人的认可固然是好事，但是得不到他人的认同，也无须沮丧。在亲密关系中，双方的利益此消彼长，如果你一味牺牲自身的正当利益去成全对方，自然会得到对方的认可和赞赏；如果为了满足对方的要求而损害自己的正当利益，大可不必委曲求全。因为这样做对方不但不会感激你，反而会觉得你软弱可欺，是一个可以长期压榨、剥削的"好苗子"。

第二，过分害怕他人生气。

有的人性格比较懦弱，平时不擅长处理人际关系，尤其害怕面对冲突。这个时候，如果有人怒目圆睁，强势要求他们做一些让步，他们一定会缴械投降，乖乖配合。总之，过分害怕别人生气很容易让自己"丢城失地"，内心充满深深的挫败感。

"你怎么样，世界就怎么样。"很多人将这句话理解为，你必须强大，强大到别人不敢对你怎么样。当你不断提升自己、让自己变得强大时，你不仅不会害怕别人生气，就连整个世界都会对你和颜悦色。

第三，不计代价维持和平。

艾跃进教授说："尊严只在剑锋之上，真理只在大炮射程之内。"这句话不仅适用于大国博弈，也适用于人与人之间的交往。当你感觉受到胁迫和情绪勒索时，应该强势一点儿，不要为了维护表面的和平而忍气吞声。

第四，容易为他人担负过多的责任。

有些人心太软，总觉得拒绝别人的请求会让自己心怀愧疚，不管什么样的忙，只要不帮就于心不忍。殊不知，正是这样的心态才给了情绪勒索者勒索你的机会。所以，我们不要心太软，不该负的责任不要乱负，这样那些勒索者就对你无计可施了。

第五，频繁质疑自己。

当情绪勒索者对我们强势逼迫时，我们要相信自己的感受和需求，坚守自己的底线和原则，不要频繁质疑自己，否则会让你畏首畏尾，在博弈中让别人占据上风，使自己应得的利益遭受损失。

第六章

识别情绪勒索的伎俩,
实现自我保护

计谋、诡诈、虚伪和作假，都只等于隐藏在一盆玫瑰花底下的东西罢了。

——[法]拉伯雷

在与人交往的某个时刻，我们会本能地感觉很不爽，却根本没有意识到自己正在被情绪勒索者蚕食。这个时候，我们要了解情绪勒索者的种种伎俩，敏锐地觉察到情绪勒索行为，这样才能及早进行自我保护。

善用"自我牺牲"来绑架你的情绪

在大家的观念里,"牺牲"本来是个很高尚的词,但是当勒索者为了绑架受害者的情绪,刻意"牺牲"自我时,这个词就变了味。

有一部亲子题材的电视剧,剧中一位离婚的母亲为了帮助女儿考上理想的学校,辞去了自己金牌物理教师的工作。辞职后的她不仅全身心地照顾女儿的饮食起居,还对女儿展开了360度无死角的监督和控制。

女儿喜欢乐高和天文,她害怕这些会耽误女儿学习,就全部没收,还禁止女儿在高考结束之前参加天文馆的活动;女儿喜欢吃零食,她就全部收起来,强迫女儿吃各种补品。她认为这些补品可以最大限度地为女儿补充营养,提升体力,助力高考。为了更好地监督女儿学习,她还专门把一面墙换成玻璃。

女儿有时候受不了她这种强硬管控，在爸爸的帮助下偷偷地满足自己的小心愿，这位妈妈知道后严厉地训斥了她。女儿哭着说："我压力实在是太大了。"妈妈听见后开启了一通"自我牺牲"式的倾诉："你压力大，妈妈压力不大吗？就妈妈一个人带你长大的呀！我白天要上课，晚上还要备课，我起早贪黑地给你买菜做饭，照顾你的起居，我容易吗？我压力不大吗？"

这些窒息的操作逼得女儿喘不上气来，她迫切地想要逃离母亲，想要报考离家比较远的大学，而母亲则强制要求女儿考她认定的大学……最后，女儿在母亲的情绪勒索下患上了抑郁症，差点儿跳海轻生。

哲学家罗素在《幸福之路》中说道："做父母的不是应该尽可能地为孩子多做些事情，凡是自我牺牲的父母，往往对孩子极端自私，会从感情上掌控住孩子，过分的牵挂往往是占有欲的伪装。"

上述剧中的那位母亲和自己的丈夫因为一些误会离了婚，对婚姻失望透顶的她把全部希望都寄托在孩子身上，在她看来，孩子就应该按照她的规划一步步来，不能有任何差池。孩子一旦不从，或者有异议，她就立刻通过"自我牺牲"来绑架孩子的情绪，这样孩子就会心生愧疚，从而对她绝对顺从。这种令人窒息的爱不是真的爱，而是借着"爱"的名义行操控之实。

《假性亲密关系》一书提到过一种防御性的相处模式，即在关系中，一方扮演"表演者"，另一方扮演"观众"。作为"表演者"的家长忽略了孩子的感受，自顾自扮演着"好父母"的角色；作为"观众"的孩子，被动地接受对方的付出，提出异议却被无视。在旁观者看来，大人很在意孩子，亲子关系十分融洽，只有身处其中的孩子才能感受到被父母无视和操纵的绝望。

当然，这种情绪勒索的形式不仅发生在亲子之间，还发生在亲密的爱人之间。比如："我为了和你在一起，已经和父母决裂了，你怎么还不懂得感恩呢？"这是利用自己的牺牲激发对方的内疚，从而达到掌控的目的。遇到这种类型的情绪勒索，一定要敢于反抗，切莫让对方站在道德的制高点上随意摆布你。

用二分法给受害者贴负面标签

对于情绪勒索者而言,为了达成自己的目的,他们会使用多种勒索手段。除了用"自我牺牲"的方式激发受害者的愧疚感之外,他们还会用二分法给受害者贴负面标签。

晓峰和杨旸是在一个图书馆认识的。当时,二人同时看上一本书,在你推我让间互生好感,最后发展成了亲密无间的男女朋友。二人交往之初,如胶似漆,每天都有煲不完的电话粥。

为了能每天看见女友,一解相思之苦,晓峰提出了同居的要求。杨旸犹豫再三,还是架不住晓峰的软磨硬泡,最后勉强答应了。热恋中的二人看到的都是彼此的发光点,一旦共居一室,除了热恋,生活中掺杂了柴米油盐,彼此的缺点和不完美就展现在了对方眼前,矛盾的出现在所难免。

在一次争吵过后,晓峰竟然露出了委屈和愤怒的表情,他理直气壮地质问杨旸:"原本我还以为你是一个善解人意、自由、洒脱、体贴、开明的姑娘呢，没想到竟然这样不理解我的苦衷，你实在是太让我失望了，你这样让我感觉你根本不爱我，不愿意证明你对我的爱，我真的很受伤。"

晓峰的话犹如一道响雷，炸得杨旸的脑袋嗡嗡作响，她这才看清楚自己一直深爱的恋人竟然这样自私、虚伪，此刻她听到了自己心碎的声音。

清醒过来的杨旸当即收拾好自己的行李，扔下一句分手的话就搬离了男友家。

在上面这个故事中，我们可以明显感受到晓峰前后两种完全不同的态度。

当女友顺从他的时候，他形容女友用的都是一些积极的词汇，如"善解人意""自由""洒脱""体贴""开明"；而当女友拒绝他的要求时，他立刻用一些消极的，甚至有点儿侮辱人的词形容女友。

这样的好和坏形成了鲜明的对比，心理学上将其称为"二分法"。情绪勒索者通常是二分法的"专家"，他们的行事作风有点儿"顺我者昌，逆我者亡"的意思。一般来说，他们通过这种两极反转的态度指责和打压受害者，让受害者陷入深深的自我怀疑，最后乖乖听从他们的指挥。如果这个方法不奏效，他们还会表现出很伤心的样子，以激发受害者的怜悯和同情,从而达成自己的目的。

  作为一个普通人,我们一定要警惕生活中的这类情绪勒索者。如果发现类似的情绪勒索手段,我们一定要像故事中的杨旸一样,及早远离情绪勒索者,及时止损,这才是最明智的选择。

操控者的惯用伎俩：消极对比

俗话说："人比人得死，货比货得扔。"这句话告诉我们，做人做事不要盲目地与别人攀比，否则会钻进牛角尖，陷入自卑、愧疚的旋涡难以自拔。但是在现实生活中，那些善于情绪勒索别人的人却善用此招，他们通过消极对比的方法贬低你、打压你，达到操控你的目的。

天天的妈妈是一个控制欲极强的人。天天放学回家之后，必须按照妈妈规划好的食谱进餐。有时遇到天天不喜欢的食物，妈妈也强迫他吃下去，刚开始的时候，天天也会激烈反抗，可妈妈连哄带骗加吓唬，总是逼得天天不得不吃。

妈妈总会在天天耳边唠叨："你还小，不懂得营养搭配，这个蔬菜营养价值非常高，妈妈跑了好几个地方才买到的，你竟然把它给吐了，真是气死我了！"

"你看看你们班的小哲，从不挑食，他妈妈让吃什么就吃什么，才8岁竟然长到了146厘米。你呢？一个小不点儿，每天放学淹没在人群里，妈妈都找不到你！"

"真是的，小梦的妈妈告诉我，人家昨天吃了一大盘子蔬菜，你看看人家吃得白白胖胖的，哪像你瘦得没有多少肉……"

"这可怎么办？你们班的女生都比你长得高，你的个子还这么点儿，以后会不会长不高呀！你可愁死我了……"

类似的话，妈妈总是脱口而出，念叨得天天很焦虑。为了让妈妈不再唠叨，他只能把不喜欢的食物咽下去。

这种消极对比的话常常出现在我们身边，不仅存在于亲子之间，也存在于夫妻之间，且更为明显。比如："你看看邻居家张姐，多能干，一边工作，一边带孩子，两不误，你真该向她学学。""你看看××家的老公，人长得帅，挣钱还多，再看看你自己……"

这种以"你看看人家"开头的句式往往带着很大的情绪张力，在这句话的威慑下，被比较的那个人在另一个"完美标准"的人面前会自惭形秽，产生"我条件不行""我能力太差""我还有待加强"等想法，这种焦虑和罪恶感会促使他们妥协，就像故事中的天天一样，在妈妈的碎碎念之下，不得不按照妈妈的意愿吃下不喜欢的食物。

在我们的成长过程中，通常都有一个"宿敌"，那就是"别人家的××"。当我们表现得不尽如人意时，亲密的人就会拿这个"宿敌"和我们做对比，在渴望认可和赞许的心理驱使下，我们不知不觉间就被他人情绪勒索了。对此，大家一定要谨慎识别，并看清楚勒索者的真实目的。当你意识到这些，并把勒索者的话抛诸脑后时，勒索的威力自然就被削弱了，你也不会受到实质性的伤害。

直接否定，让你陷入自我怀疑

当情绪勒索发生的时候，我们会看到勒索者使用一种或者多种手段逼迫对方屈服。不过，不管怎么做，他们都有一个共同点：否定你的感受，忽略你的需求，最后让你陷入深深的自我怀疑。

在一档真人秀节目中，所有嘉宾坐在一起聊天、玩游戏，而一位丈夫当着所有人的面对妻子说："我很讨厌你唱歌。"

面对否定和打压，妻子委屈又而愤怒地盯着丈夫。对于妻子而言，唱歌可是她一生中最值得骄傲和自豪的事情啊！

散场后，妻子绝望地冲丈夫喊道："我就问你，你是不是真的很讨厌我唱歌？"

丈夫却答非所问："你又生气了，又开始情绪化了，你到底要怎样？"转头针对其他事情对妻子展开说教。

这位丈夫对妻子的打压和否定早就存在。刚结婚的时候，妻子给自己精心化了个妆，丈夫却说不好看。在挑选衣服的时候，丈夫说妻子没品位。妻子问他："你为什么不表扬我、不鼓励我？"丈夫直言："你不值得我鼓励。"妻子听后陷入深深的自我怀疑，她询问丈夫，自己给人的感觉是不是特别差。丈夫则回答："你自己感觉不到吗？"

我们的身边从不缺乏这种喜欢否定和批判他人的人，就像上面这个案例中的丈夫那样，处处打压、贬低妻子，让妻子焦虑愤怒、委屈崩溃，最后怀疑自我，乖乖顺从他。这是典型的情绪勒索。

勒索者为了让你服从他，一般会直接无视你、否定你。首先，否定你的价值。不管你自身条件如何好、能力有多强，在他看来都不值一提。其次，否定你的努力。明明你为了这件事情已经竭尽全力、付出了一切，可他依旧不认可，甚至有点儿嫌弃。

最后，否定你的需求和感受。当你对他的要求不满时，你也许会委屈流泪，也许会愤怒嘶吼，也许会据理力争，也许会表达自己的想法和需求，但不管你怎么做，他们都直接无视。

总而言之，他们不尊重你的选择和感受，强制要求你按照他们的意志去生活、去做事。

面对这种情绪勒索，我们一定要保持自信，切莫被别人牵着鼻子走，更不必为了他人的评价而自我怀疑，否则你就真的钻进了别人的圈套。

在这个世界上，不管你做什么，总会有两种声音，不要听到好听的得意忘形，也不要听到不好的就怀疑自己，甚至去讨好他们。

社交的本质是吸引，不必非要让那些不喜欢你的人都喜欢你，而是要让那些喜欢你的人觉得自己有眼光。

在这个世界上，人与人的悲欢并不相同，不要奢望每个人都理解你，也不要为了合群就委屈自己。

想活得开心，那就坦然做自己。只要你不低看自己，便没有人能轻易否定你。心中自有一方天地，无惧他人评价，才是对外界最好的回应。

理直气壮地把过错推卸给你

一个男人发现自己妻子的耳朵好像出了毛病，不管他怎么喊，妻子都没有回应。

这时有人给他支招："你可以试着多喊几次，如先站远点儿提问，然后站近点儿提问，最后站在她身后提问。"

男人回家后，问妻子："亲爱的，我们晚餐吃什么？"见妻子没回复，他又向前迈了几步，重复了一下刚刚的问题，可依旧没有听见妻子回应。他快步走到妻子跟前，又一次问道："亲爱的，今晚吃什么？"

这时，他听到妻子说："吃鱼啊！我都回复你三遍了！"

在人生旅途中，我们总会遇到像这个男人一样的人，他们看不到自己的过失，却总是理直气壮地把过错推卸到别人身上。当我们面对这种情况时，一定要警惕，这也是情绪勒索的一个征兆。

将过错推卸给别人的勒索者未必没有认识到自己的错误，只是为了让受害者顺从自己，他只能先发制人、反守为攻。当他们把错误扣在受害者头上时，会快速瓦解受害者的自信，受害者会内疚、自责，否定自己，从而没有时间和精力思考对方的过错。

如果遇到这种动不动就指责你的人，千万不要陷入自证或者自责的陷阱，而是要走出思维定式，放眼整个事件，分析和整理思路，再与情绪勒索者一论短长，否则容易被他情绪勒索。

阅读提示：
使用这些技巧，摆脱他人的情绪控制

耶鲁大学情商中心联合创始人、精神分析师罗宾·斯特恩博士在《煤气灯效应》一书中为我们提供了几个可供使用的情绪勒索应对技巧：

第一，列出你的优点。

当对方质疑你、贬低你时，你要想想自己的优点，反思一下自己是否真像对方所说的那般不堪。如果他说的话不是客观事实，那就是他情绪勒索的套路。如果他说的话符合实际，那也不要轻易低头。人有点儿缺点很正常，这不是他情绪勒索你的理由。

第二，屏蔽自我批判或自我否定的想法。

比如，"我一无是处""我永远也不会开心"。自我暗示的力量是非常大的，如果我们不能屏蔽这些消极的想法，这些消极的暗示就会助长勒索者的嚣张气焰，使我们在这场博弈中惨败而归。

第三，避开对你持有负面意见、消耗你精力的人。

通常，在亲密关系中，如果一个人真的爱你、在乎你，他就不会全面否定你，让你每天生活在自我否定和自我内耗中。所以，离开那些对你持有负面意见、消耗你精力的人吧！这样你才能从根本上远离情绪勒索。

第四，利用你的优势应对挑战。

情绪勒索其实是一场勒索者和被勒索者的博弈。在博弈的过程中，我们要做一些自己擅长的事情，这样才能更大限度地在博弈中胜出。

以上这些方法可以帮助我们树立自信，重新感受到自我价值，看清真相，避开被勒索的陷阱，免受负面情绪的困扰。

第七章

接纳自我，
把自己当回事儿

这世上根本不存在完美，人要接纳自己的缺陷，允许自己犯错。

——罗翔

要想彻底打破情绪勒索的循环，我们就要学会接纳自己，保护自己的心理能量，这样才不会被勒索者的贬低和否定的话影响，才不会一次次地否定自己。

重视自己的需求和感受

因为低自尊的存在，我们总是习惯性地重视、注意、放大和满足他人的感受和需求，忽略自己的感受，到最后牺牲了自己的利益，成全了别人。

春节放假的时候，按照惯例，公司必须留下一个人看管库房。这个时候，大家都争先恐后地买好火车票回家，最后只剩下老实巴交的张强留在库房。张强的妻子对此十分不满，在这个千家万户都团聚的日子里，自己的丈夫却年年当守门人，虽然公司也给加班补贴，但是这种不能团聚的缺憾总让人很不舒服。

终于，经过妻子的一番强烈抗诉，张强同意跟部门主管争取回家的机会。张不开嘴的他走到领导办公室嗫嚅很久也没有说到重点。最后，还是在领导的逼问下他才说出自己的需求，没想到领导听后想都没想，痛快地答应了他的请求。

在人际交往中，如果我们像张强那样，自己都不愿意重视自己的感受和需求，别人又怎么会去注意呢？

所以，要想不被人勒索，我们就要学会重视和表达自己的需求和感受，懂得拒绝，懂得为自己的权益发声。这样一来，别人就能了解到你的想法，也能理解你，才会以你想要的方式尊重你。反之，如果你不言不语，只会当一个"好好先生"，那么别人可能并不知道你需要什么，忽略你就是一件自然而然的事情。

另外，有的时候，别人对我们进行情绪勒索也许并非故意，而是我们想得太多，总觉得"我表达出自己的需求和意愿，也许会惹得别人不高兴，或者觉得我不好相处"。其实，表达需求并不一定会产生不好的后果，如果我们不能真实表达自己的想法，反而显得大家过于生疏，彼此之间毫无信任可言。

一般来说，我们之所以不敢表达自我，主要是担心自己人微言轻，没有足够的价值，不值得别人为我们花费时间和精力，甚至认为让别人为我们做些事情，对于别人来说是个麻烦。但事实是，我们没有表达清楚自己的需求，所以别人根本不知道怎么做，我们担心被拒绝不是因为我们不值得，而是因为我们不自信。

所以，在与人交往的过程中，我们要勇敢一点儿、自信一点儿，要相信这段关系，要相信彼此之间的情谊，要相信别人也是在乎我们的，当我们勇敢地向对方表达需求时，捍卫的不仅是我们自己的权益，也是彼此之间的信任和情谊。

当然，当我们表达自己的需求时，也许会碰一鼻子灰——别人会为了维护自己的利益而拒绝我们的请求。不过，这也不要紧，要紧的是我们已经表明了自己的立场，也已经明白了彼此间的关系不再平衡、健康。这种捍卫自己权益、保护自身利益的行为并不可耻，相反，对方那种"为了自身需求和感受牺牲我们"的行径才是自私的。

在不侵犯、不伤害他人权益的基础上，我们可以尽情表达自己的观念和感受，如果这种行为不被允许，要尽快远离这种勒索环境，这样才能及时止损，以免沦为别人情绪勒索的对象。

对自己说"我很重要"

马雪是一个在单亲家庭长大的孩子,她的妈妈经常嫌弃她,不管她做什么,总想数落她几句,这导致她很痛苦、自卑。因为糟糕的原生家庭,马雪一直觉得自己不重要,她从来不会跟人提要求,自己能做的事绝不麻烦别人。

另外,对于喜欢的事情她也不敢主动争取,甚至别人拿到她面前问她要不要,她也不敢主动接受。更糟糕的是,每次遇到问题,她总喜欢往自己身上揽责任。

有一次,在乘坐公交车的时候,有个人不小心踩了她,本来不是她的问题,结果平时说顺口的那句"对不起"竟然脱口而出,反应过来的那一刻,她羞得无地自容。

马雪的这种行为在心理学上叫作"过分自我归因",意思就是当不幸事件发生或冲突产生时,他们认为这全是自己的错。换句话说，当他们没有过错或仅有一点儿过错时，他们总是出现承担全部责任的倾向。

过分自我归因的人往往把毫无联系的事情无缘由地联系起来，以为自己曾经犯过错，那么这次自己的失误就是补偿上次的错，并且心甘情愿地接受"惩罚"。他们沉浸在这种无止境的自我折磨里，过分看重自己的行为，把自己套入一个黑暗的圈子里，渐渐抑郁、窒息，最后被自己荒唐的念头击垮。

种种荒唐行为的背后，有一个很重要的内因：他们认为自己不重要，出现任何事情，都愿意选择让自己受委屈。正因如此，才让自己成为情绪勒索的受害者。假使上面案例中的马雪不那么自卑，重视自己的需求和感受，那么她就不会将所有责任都归为自身。

毕淑敏曾经在《我很重要》一文中写过这样一句话："当我说出'我很重要'这句话的时候，颈项后面掠过一阵战栗。我知道这是把自己的额头裸露在弓箭之下了，心灵极容易被别人的批判洞伤。"许多年来，没有人敢在光天化日之下表示"我很重要"。我们受到的教育通常是"我不重要"。

每个人都是自然界伟大的奇迹，以前既没有像我们一样的人，以后也不会有。因此，我们要保持自己的本色，这是激发潜能的重要通道，也是将自信最大化的源泉，更是实现人生价值的必由之路。

每个人都有与众不同的特征，包含DNA（脱氧核糖核酸）、指纹等，每个人的社会关系也与众不同。所以，这个社会离不开每个人，我们应该自信地告诉自己，在这个世界上，有个品牌叫作"我"。这个品牌不管是主角还是配角，都不应该自我贬低，也不应该把自己交给别人去评判，更不应该委屈自己，接受别人的情绪勒索。

接纳自己的局限和不足

很多人因为好面子，不敢承认自己的缺点，很容易被别人情绪勒索。"金无足赤，人无完人。"做人有缺点和不足很正常，没必要害怕听到别人否定的话语。应该坦坦荡荡、大大方方地正视和接纳自己的局限和不足，这样做，就会让那些情绪勒索者无法找到勒索你的漏洞。

接纳自己的局限和不足，首先要正视自己的缺点，提升自己。阿德勒说："要勇于向自己的弱点开炮，深刻剖析自己的不足之处。通过当下的锻炼，学会在批评与反思中最大限度地完善自己，大大提高自身的素质和适应社会的能力。"

无数优秀的人的成功之路，无不是从"把困难当作挑战""把弱点当作对手"的自我激励开始的。我们在实际生活工作中常常遇到对局限和不足视而不见或临阵逃脱、畏缩不前的失败者。他们之所以困顿不前，就是漠视局限、逃避不足的性格造成的。

有一天，年轻的帕蒂来到巴黎推销保险。他滔滔不绝地向一位老人介绍投保的好处,老人一言不发,很有耐心地听他把话讲完,然后用平静的语气说:"你的介绍丝毫不能引起我投保的兴趣。"

"年轻人,你应该请你的客户帮助你改造自己。"老人提议道。

帕蒂接受了老人的教诲,他策划了一个"批评帕蒂"的集会。集会的目的是让自己的客户坦率地批评自己。

帕蒂策划的批评会如期开场。第一次批评会就使帕蒂原形毕露:

——你的脾气太坏,而且粗心大意。

——你太固执,常自以为是,你应该多听取别人的意见。

——你的个性太急躁了,常常沉不住气。

——对于别人的托付,你从来不会拒绝。

——你的知识不够丰富,所以必须加强进修,以成为别人的"生活指导者"。

——待人处事千万不能太现实、太自私,也不能耍手腕或耍花招,一切都应诚实。

帕蒂把这些宝贵的逆耳忠言一一记下来,并以此随时反省自己。此后,"帕蒂批评会"按月定期举行,他发觉自己就像一条蚕,正在慢慢地"蜕变"。每一次的批评会，他都有被剥一层皮的感觉。经过一次又一次的批评会的洗礼，他把身上一层又一层的局限和不足剥了下来。随着局限和不足的消除，他开始进步、成长。

后来，帕蒂把在批评会上获得的改进建议用在每天的工作中，业绩直线上升，成了一名优秀的业务员。

当你坦然接受自己的局限和不足时，你就是一个所向无敌的勇士。对内，你可以像帕蒂一样，成长为一个勇往直前、坚不可摧的厉害人物；对外，你"刀枪不入"，不再受人言语的干扰和伤害。你既不害怕别人说你脾气坏，也不怕别人骂你自以为是，更不在乎别人嫌你沉不住气……总之，你不会为了自己的面子和自尊刻意掩盖这些缺点，也不会为了掩盖缺点而不得已接受别人一些过分的要求，这样你就可以轻松地跳过情绪勒索的坑。

每个人的生活压力都很大，与其唯唯诺诺、束手束脚地被别人情绪勒索，倒不如痛痛快快地坦然承认自己的局限和不足。

阅读提示：

重建自信，轻松摆脱情绪勒索

自卑是一种消极的心理状态。自卑的人渴望得到别人的认同，也容易掉进情绪勒索的陷阱。所以，要想摆脱情绪勒索，我们就要征服畏惧、战胜自卑。当然，摆脱自卑、重建自信，要止于幻想、付诸实践、见于行动。建立自信最快、最有效的方法，就是去做自己害怕的事，直到获得成功。

第一，挑前面的位子坐。

在各种形式的聚会中，在各种类型的课堂上，后面的座位总是先被人坐满，大部分占据后排座位的人希望自己不会"太显眼"，他们怕受人注目的原因就是缺乏自信心。

坐在前面能建立自信心。因为敢为人先、敢在人前、敢于将自己置于众目睽睽之下，就必须有足够的勇气和胆量。久而久之，这种行为就成了习惯，自卑也就在潜移默化中变为自信。

第二，正视别人。

"眼睛是心灵的窗户"，一个人的眼神可以折射出其性格，透露出信息，传递出微妙的情感。不敢正视别人，意味着自卑、胆怯、恐惧；躲避别人的眼神，则折射出阴暗、不坦荡的心态。正视别人等于告诉对方"我是诚实的、光明正大的，我非常尊重、喜欢你"。因此，正视别人，是积极心态的反映，是自信的象征，更是个人魅力的展示。

第三，改变走路的姿势与速度。

许多心理学家认为，走路的姿势、步伐与人的心理状态有一定关系。懒散的姿势、缓慢的步伐是情绪低落的表现，是对自己、对工作及别人不愉快感受的反映。倘若仔细观察就会发现，身体的动作是心灵活动的结果。那些受打击、被排斥的人，走路都拖拖拉拉，缺乏自信。反过来，改变走路的姿势与速度，有助于心境的调整。要表现出超凡的信心，走起路来应比一般人快。将走路速度加快，就仿佛告诉整个世界："我要到一个重要的地方，去做很重要的事情。"身姿挺拔，步伐轻快敏捷，会使人心境明朗，会使自卑逃遁、自信陡增。

第四，练习当众发言。

在大庭广众之下讲话，需要巨大的勇气和胆量，这是培养和锻炼一个人自信的重要途径。很多思维敏锐、天资颇高的人无法发挥他们的长处参与讨论，其实不是他们不想参与，而是缺乏自信心。

在公众场合，沉默寡言的人都认为"我的意见可能没有价值，如果说出来，别人可能会觉得很愚蠢，我最好什么也别说，而且其他人都可能比我懂得多，我并不想让他们知道我这么无知"。这些人常常对自己许下渺茫的诺言："等下一次再发言。"可是他们很清楚自己是无法实现这个诺言的。每次的沉默寡言都是"缺乏自信"这一毒素的又一次发作，都会使他们越来越丧失自信。

从积极的角度来看，大胆发言会增强自信心。不论是参加什么性质的会议，每次都要主动发言。有许多原本木讷或者口吃的人，都是通过练习当众讲话而变得自信起来的。

第五，恰到好处地用力握手。

握手的方式也能向别人透露不少自身的秘密。比如，许多人为了掩饰自己的缺点，握手的时候故意过分用力和显出傲慢的态度，其实是虚张声势；挤压式的握手方法则是为了弥补其自信心的缺乏。这种人的一举一动无法让人相信他是一个真正有自信心的人。安稳而不过分用力地握住对方的手则表示"我是生气勃勃、稳扎稳打的"。这才是代表着自信的握手方式。

第六，放大自己最得意的照片。

热爱自己是获得幸福生活的先决条件，讨厌自己则会感到非常痛苦。热爱自己的方式多种多样，充分利用自己的照片就是其中之一。

你的影集里一定收藏了很多照片，你可以从中找到许多不同的自我。当你看到最不喜欢的表情时，可能会被一种低沉的情绪和随之而来的寂寞感所控制。这时，你就该另辟蹊径，去把你最得意的照片找出来并认真注视它，然后你可能会立刻产生一种慰藉感，而且越看越兴高采烈。这时也许你会情不自禁地说："你看这小伙子多帅，肯定是个有用之才！"

经常去欣赏你最得意的照片，你就会得到一些极有益的启示。把你最得意的照片挑选出来，把它放大后装入相框，然后挂在屋中最显眼的地方。每当你看到它时，你的心中就会条件反射般出现一个明快、健康的自我，就会信心百倍、干劲冲天，敢于向一切困难挑战。

通过这些方法，你可以一改往日胆小懦弱、唯唯诺诺的自我形象，转而以一种勇敢自信、从容洒脱的姿态面对周围的人和事。这样一来，你看起来一点儿也不好惹、不好欺负，那些试图情绪勒索你的人自会绕道而行。

第八章

认知觉醒，应对人际关系中的软暴力

生活从来没有刻意为难你，是你的认知程度阻碍了你。

　　　　　　　　　　　——董宇辉

　　一个人之所以被他人情绪勒索，与他的认知水平有很大的关系。如果他不能提升认知，那么就很容易在这场软暴力中陷入被动地位，从而妥协退让，败得一塌糊涂。

卸下责任感，无须对别人的不快负责

《被讨厌的勇气》中说："活在害怕关系破裂的恐惧之中，那是为他人而活的一种不自由的生活方式。每一次讨好都在杀死自我。"

你是否总是自卑而又敏感，活得小心翼翼，事事都照顾别人的感受，生怕将和别人的关系闹僵，总是迎合别人的喜好？你知道吗？当你在为别人的情绪负责的时候，无疑也给别人提供了情绪勒索的契机。

张雯和雨菲是同一个宿舍的好友。张雯每天早晨在上课之前都想提前到教室阅读半个小时的书，可雨菲却不拖到最后一分钟绝不起床，有时候连早餐都来不及吃，只能饿着肚子去上课。

习惯如此不同的两个人自然很难一起去教室，可雨菲却一直缠着张雯，让她等等自己。刚开始，张雯顾及雨菲的感受，怕她不高兴，便耐着性子等着她，可有一次，二人因为雨菲的赖床上课迟到了。

张雯懊恼极了,经过几天的思量,她终于说出了"我想提前到教室早读"的想法。雨菲虽有些失落,但也同意了好朋友的做法。可没过多久张雯就又碰到了新的麻烦。

雨菲是个特别爱聊天的人,每晚都缠着张雯聊很久,当张雯说自己很困想要睡觉时,雨菲就略带生气地说:"咱们可是好朋友,现在好朋友想找你聊天,你怎么不愿意搭理我呢?早上你想早读,我就不打扰你了,晚上有时间,你还是不愿意和我说说话,真不仗义!"

张雯听了只能无奈地坐起身来,继续充当雨菲的"树洞"!

这个故事里,张雯就是被好友情绪勒索的对象。在张雯的认知里,好朋友应该形影不离、谈天说地,必要的时候甚至要充当对方的"解语花"。正是在这份责任感的驱使下,她不得不委屈自己,满足好友的需求。

在亲密关系中,当一方没有分寸感,不断提出一些不能接受的要求时,就应该果断拒绝,没必要为了所谓的责任感委屈自己,毕竟谁也没有义务为他人的不快负责。

完形疗法创始人弗雷里克·S.皮尔斯曾写过这样的话:

我做我的事；你做你的事。

我不是为了实现你的期待而生活于这个世界。

你不是为了实现我的期待而生活于这个世界。

你是你，我是我，偶尔你我相遇，那是件美好的事。

若无法相遇，也是件无可奈何的事。

我们不是为某个人而出生，也不是为某个人的需求而存在，所以在人际关系中，我们既不能绑架和强迫别人，也不能被别人绑架和强迫。我们不能为了所谓的责任就忽略自己的真实感受。当你所渴求的并不是别人想要的时，你就不该为此受到指责，就算引起他人的不快，也不要感到内疚和自责，对方不满是因为他们的智慧和修养不够，只要我们无愧于心，就要坚定地捍卫自己应得的利益，这样才不会被人轻易地勒索和操控。

不将就自己，不讨好别人

为避免掉进情绪勒索者的陷阱，我们要改变自己的认知，不要再将就自己，讨好别人。

工作上、生活里、社交中，要想使每个人都对自己满意，几乎是不可能的事情。我们不可能顾全所有人的感受，如果有大部分的人对我们感到满意，这已经是一件很难得的事情了。

认识到这一点之后，你就应该从另一个角度去看待人与人之间的分歧。当别人提出某个观点或者要求，而你又无法认同时，不必感到不安，或者为了赢得他人的赞许而改变自己的观点。你应该意识到他只是与你意见不一致的一个人，而不是所有人。

因为有了这样的认知，你可以理直气壮地回绝任何人、任何事，不必为拒绝别人而心生愧疚，也不必为无法迁就别人而过意不去，更不会再将别人对你某种观点或某种情感的否定视为对你整个人的否定。因为你坚信自己是正确的，不会因为别人的看法而改变自己的决定，你就是你自己，没有必要迎合别人。

心悦是一个28岁的白领，她工作能力出众，为人豪爽仗义，很喜欢结交朋友。可下班之后，她还是很喜欢一个人回家，泡澡看书，安静地度过静谧的夜晚。有时朋友无聊，想约她一起逛街唱歌，她往往一口拒绝。

在和同事一起外出聚餐的时候，她也很洒脱自在，有什么要求当场就提出来。老板问大家："你们喜欢麻辣火锅还是番茄火锅？"大家都脱口而出："辣的！""辣的吃得过瘾！"只有心悦说道："我不吃辣，我对辣椒过敏，请给我加一个番茄锅底。"

周围人听见她这样说，齐刷刷地望向她，可她依旧从容淡定，没有显现出一点儿拘谨。

在我们的生活中，大部分人没办法像故事中的心悦那样洒脱，大家都很在乎他人的眼光，都不希望被别人以异样的眼光看待，也不希望和他人产生冲突，于是无条件地附和别人，让自己变得"合群"。事实上，这是对自己感受和需求的压抑，我们在追求别人认可的同时，也在无条件地牺牲自己的利益。

在这种情况下，很容易给那些勒索者以可乘之机，他们利用你的善良之心，利用你的愧疚感，胁迫你满足他们不合理的要求。面对这种情绪勒索，我们一定要像心悦那般有自己的主见，不必为了他人的利益迁就自己，更不要因为怕遭到他人的嘲笑而做出违心的选择。记住，迁就和讨好别人不会让你获得尊重，反而会暴露你的软肋，给对方勒索你的勇气和底气。

敢于直面冲突，逃避只会令自己遍体鳞伤

当我们处在一段挣不脱、斩不断的关系里时，逃避情绪勒索解决不了根本问题，一味回避只会让勒索者变本加厉。越逃避，越会令自己遍体鳞伤。

此时，直面冲突，与之勇敢对抗，才能打破这段勒索关系，建立新的社交秩序。

张涛一毕业就很幸运地进入了一家规模很大的互联网公司。这让那些四处碰壁的同学羡慕不已。

可是，张涛也有难以言说的痛苦。除了本职工作之外，领导还要求他兼任自己的秘书和后勤跑腿员。繁杂的工作令张涛精疲力竭。就这样任劳任怨地工作，领导依旧不满意，时常因为一些小事对他恶语相向。因为是新人，张涛每次都只能忍耐。

试用期满，将要转正时，领导把张涛叫到了

办公室，表情严肃地告诉他："你的工作是全公司难度最小的，可是干得却不尽如人意，你的表现和公司要求的差距不是一星半点儿，你需要好好历练，暂时还不能转正。"到了晚上，张涛收到了一条延长试用期的正式文件。这让张涛的心彻底坠入谷底。

自信心被严重打击的张涛经过几个月的自我调节，想通自己与领导之间关系的境况后，终于成了一名正式员工。转正后，领导依然会时不时地针对张涛，并将本不属于张涛的工作安排给他。

终于，张涛忍不下去了，他联系律师朋友，在朋友的帮助下，将上司无故延长员工试用期、辱骂员工及强迫员工干职责以外的工作等证据提交给公司。随后，张涛得到了自己应得的权益，而那个上司也因为这件事被公司辞退了。

在现实生活中，诸如此类的事情在职场并不少见。搜索新闻，我们会发现很多奇葩的职场惩罚，如业绩不达标，处罚员工的方式千奇百怪，有的甚至会让人大跌眼镜。这些受到处罚的员工，内心充满了巨大的挫败感，也失去了生活和工作的热情，长此以往，员工的身心都会受到非常大的伤害。

人们在遭遇一段不公平的待遇时，通常对冲突有恐惧，总觉得跟别人对抗不体面，潜意识里认为"和"比"争"更重要。殊不知，敢于面对冲突才能从根源上避免被情绪勒索。

在《冲突的勇气》一书中，作者杰森·盖迪斯认为：冲突的根源并不是我们身边的人刁钻刻薄、不好相处。说起来，我们也有自己的缺点和不足！真正的问题是，我们不知道怎么应对那些难相处的人给我们带来的不适的情绪和感受。所以，我们不应该再执着于向对方声讨"你为什么让我这么难受"，反而应该问问自己"他给我带来了什么样的负面情绪？我要怎么应对自己的情绪"。

要想提升我们的情绪适应力，必须做到两点：一是自我调节；二是自我反思。只要能做到这两点，我们就能更好地控制自己的情绪，就能把主动权掌握在自己手里，不用再去逃避，更不用把希望寄托在别人身上，苦等对方改变。

我们要学会承受生活中的情绪、痛苦、压力和烦恼，这样才能训练自己的大脑，拥有更美好的感情、更和谐的关系。

在尊重自己和理解别人之间找到平衡

沈梅自从生完孩子,就和婆婆生活在了一起。尽管婆婆的到来给她们这个小家带来一些便利,但沈梅的烦恼也日益增加。因为生活习惯和观念的不同,沈梅和婆婆经常发生口角。

沈梅每天八九点起床,婆婆觉得她太懒了。她认为沈梅已经是当妈的人了,应该早早起来做饭,照顾好家里的男人和孩子。

与此同时,婆婆的很多习惯让沈梅看不下去,另外,在孩子的养育上,两人的分歧也很大。沈梅和婆婆之间的矛盾越来越大,在一次激烈的争吵之后,婆婆扔下孙子回了老家,而无法兼顾工作和家庭的沈梅只能含泪辞掉工作,在家照顾孩子。

面对父母、儿女、爱人、朋友等的情绪勒索时,理智的做法就是在尊重自己和理解别人之间找到平衡。上述故事中的沈梅和婆婆就是因为没找到这个平衡点,所以最后闹得非常僵硬。

当我们身处这样的环境时，不妨参考以下方法，或许会有很大的转机。

第一，最大限度地让对方理解自己的处境。

有些情绪勒索者只站在自己的角度去思考问题，所以总是忽略他人的感受，并要求他人接受一些不喜欢的事情。这个时候，被勒索者有必要坚定地站在自己的立场向对方阐述自己的难处，以此获得对方的理解。

比如："你要我早早起来准备早餐，这一点我做不到。因为每天晚上宝宝要吃、要拉、要尿，折腾很多次，我一晚上都睡不好，不可能早早就醒来。"阐述这些理由，有利于获得情绪勒索者的理解，也能让自己在博弈中占到一个"理"字。如果对方在知道了你的处境和困难之后依旧不依不饶，那在外人看来，他就是无理取闹。此时，如果你据理力争，大家都会站在你这一边。

第二，让第三个人的介入来缓解双方的矛盾。

当勒索者和被勒索者陷入僵局时，可以请第三个人从中协调。举个例子，当婆婆强势要求儿媳上交工资时，可以找明事理的老公从中协调："我和媳妇组成一个家，我们就是一个小集体，我是这个家的男主人，她是这个家的女主人，她有权利掌控这个家的财务，怎么支配这些钱，她不需要跟任何人请示，更不需要把自己的工资上交给任何人，就算您是长辈，也不可以干涉我们。"

第三个人的协调可以让勒索者看清双方的权利和职责，从而避免他把手伸得太长，做出越界行为。

第三，表达对对方的理解。

当对方强行要你按照他的意愿做某件事情时，不妨先表达对他的理解。比如："妈，我知道您想让我们在照顾孩子的时候丢掉尿不湿，改用尿布。您肯定是出于好心，想让孩子更舒服一点儿。"说这些话并不代表你妥协退让，而是为了更好地安抚对方的情绪。

当对方的情绪被安抚好后，他就不会说出更过激的话刺激你的情绪，扰乱你的心智，激发你的愤怒，恶化你们的关系了。

当他感受到你的善意后，会进一步倾听你的解释。这个时候，你就可以把拒绝的理由一个个列举出来。比如："这个尿不湿，无论是透气性、安全性，还是舒适性，都经得起考验，不信我给你做个实验……用了这个东西，以后可以省很多事情，你再也不需要像以前那样弯着腰洗尿布了……"以此说服对方放弃原来的想法。

明确责任归属，拒绝道德绑架

曾听过这样一句话："出言有尺，嬉闹有度，做事有余，懂分寸，知进退，大家才能过得舒心。"在我们的生活和工作中，很多情绪勒索之所以会发生，就是因为很多人没有明确责任归属，做事没有把握好分寸和尺度，总是在相处的时候越界或者道德绑架，试图让对方服从自己。

比如，婆婆批评儿媳妇开灯看电视、频繁淋浴洗澡、频繁上网购物，过日子不会精打细算："你们年轻人真不会过日子，这样浪费水、浪费电、浪费钱，真是不可理喻……"又如，公司领导批评员工不懂感恩，非要用感情代替制度，试图用道德绑架员工："公司花费时间和精力培养你们，你们要懂得感恩，中途离职就是忘恩负义、自私无情。"再如，有些人站在道德的制高点上指责那些合理维护自己权益的人："不就是借你点儿钱吗？至于这样逼迫人家吗？人家已经够可怜的了。"

这就是典型的情绪勒索。这些情绪勒索者总是对自己的位置和职责没有一个明确的定位，并且打着"为你好"的旗号，站在道德的制高点侵犯你的边界，企图让你顺从他，如果你胆小懦弱，那只能打碎牙往肚子里咽；如果你勇敢一点儿，据理力争，也会被勒索者贴上"没礼貌""不懂规矩""自私小气"等负面标签。其实真正自私无情的是他们这些摆不正自己位置的勒索者。

在一趟高速运行的列车上，突然爆发了一阵激烈的争吵。车厢的乘客迫不及待地竖起耳朵，想一探究竟。后来，在你一言我一语的争吵声中，大家渐渐理清楚了事情的来龙去脉。

原来车上一位买到中铺的大爷以身体不便为由，想跟下铺的女孩换一下位置。岂料，女孩犹豫了片刻之后就拒绝了他。大爷感到不可思议：年轻人礼让上了年纪的老人难道不是天经地义的事情吗？她怎么可以如此冷漠无情？可女孩却不以为然，她认为自己掏了更多的钱买的下铺，就有权享受金钱带来的舒适，而不能因为年龄就无条件为大爷做出让步和牺牲。

让人不解的是，大爷却不管不顾，出口成"脏"，对女孩进行了难以入耳的言语攻击。在大爷猛烈的嘴炮输出下，女孩俨然成了一个"自私冷漠""不懂得体谅老人""道德败坏"的社会渣滓。最后，这场争吵在列车员的竭力调解下才勉强得以平息。事后，有些乘客还替老人打抱不平，纷纷谴责这位女孩不懂礼数，是一位精致的利己主义者，女孩听后气得掩面哭泣，久久不能自已。

上面故事中，这位老人倚仗年龄优势，为了一己私利，想强行霸占别人的铺位，给女孩扣上各种不道德的帽子，这属于典型的情绪勒索。

这个世界，没有谁欠谁的，更没有所谓的理所应当。很多时候，别人愿意帮忙是情分，不帮是本分，不要把别人的情分当成本分。女孩并没有义不容辞的职责和义务帮助老人，不需要牺牲自己的利益去换取老人的舒适。年龄小不应该和吃亏画上等号，年龄大不应该借助自己的生理优势，站在道德制高点指责他人。善良从不是谁的义务，善良也是要看对象、分场合，善良是有原则的。

亨利·克劳德曾说过："越界者永远不会觉得自己越界，因为刺痛的都是别人。"对于被勒索者而言，我们要清楚自己的底线，要关注自我感受，不要把自己的价值建立在他人的评价之上。如果有人罔顾职责和归属，肆无忌惮地消费你的真诚和善良，那就是道德绑架。对于这样的人，一定要敢于和他们抗争，不要害怕因此而受到他人的迁怒，你要坚信底线之外，都与自己无关，如若不然，你的人格会被这些勒索者一点点地蚕食殆尽。

保持独立，才能避开情绪勒索的陷阱

一位作家说："自由、从容、淡定、优雅都源自独立，独立让你不依附别人，不恐惧未来。独立就是你永远受用不完的底气。"

一个人只要精神独立、经济独立，不依附任何人，就能避开情绪勒索的陷阱。

在访谈纪录片《闪光少女》里有这样一个主人公，她的名字叫王慧玲。王慧玲出生在一个重男轻女的原生家庭。从9岁开始她便承担起了半个母亲的责任，做饭、喂猪、照顾两个弟弟，同时兼顾上学。长大后的10年间，她赚到的每一分钱都送到家里，补贴给了两个弟弟。但即便被如此"吸血"，她的父亲依旧不满足。在她谈婚论嫁的时候，父亲因为压榨不到更多的彩礼，气愤地说道："我养一头猪，还能卖钱呢！"

因为从小受到太多来自父母的否定、打压，以及不公正待遇，她早早就萌生了逃离原生家庭的想法。19岁时，她独自来到上海打拼，卖过袜子，当过服务员，在社会的底层摸爬滚打，吃遍了生活的苦，最后经过艰难的创业，成立了自己的公司，逆袭改变了自己的命运，从而彻底远离了原来那个物质压榨她、情绪勒索她的"吸血"家庭。

现在的她拥有了不错的事业，收获了一百多万的粉丝，也获得了圆满的家庭。业余时间，她画画、健身，跟爱人全世界旅行，照自己的意愿生活。《三联生活周刊》曾这样评价她："这是一个基层女性逃离命运的故事。"

回看王慧玲这位"闪光少女"的逆袭之路，不难发现，独立才是其人生的主旋律。尽管命运发给她一手烂牌，但她不卑不亢，敢于独立闯荡，用她自己的话说，"永远以自己的发展为重，不被原生家庭道德绑架"，最后她挣脱命运的牢笼，活出了自己崭新的人生。

王慧玲的做法值得借鉴。当我们在日常生活中遇到他人的精神打压和情绪勒索时，不要妥协，不要气馁，更不要面对眼前的困局自怨自艾，要有独立的见解和思想，让自己在精神和物质上尽快独立起来，这样才不会把自己的思维牢牢地拴在对方的思维模式上，从而让自己陷入被动局面，任由他人对自己进行情绪勒索。

怎样才能保持独立，避开情绪勒索呢？

第一，提升自己的经济能力。

经济独立的人不一定精神独立，但是精神独立的人一定具备经济独立能力。当我们提升了经济能力，也就意味着我们的认知改变了，思想层次提升了，有能力规划自己的事业，有能力适应社会的变化，更有能力迎接他人的挑战。当然，经济能力的提升带给了我们充足的物质条件，也让我们有了克服困难的勇气，有了独立处理事情的能力和手段，遇事不需要依赖别人，不把希望寄托在他人身上。因此，精神也就相对独立。

第二，阅读滋养心灵。

有位作家曾说："在平常的日子里，修建自己精神的粮仓，储蓄应付巨变的粮草。一旦精神的灾难不以人的意志为转移而降临时，女人才不会崩溃。"培养独立、修建精神粮仓最好的方式便是读书。畅销书《你当像鸟飞往你的山》中，主人公塔拉有个糟糕的家庭，导致她对未来充满绝望。后来，她在别人的影响下喜欢上了读书，自学考上了大学，生命重新焕发了活力。此时的她抛弃了父亲灌输给她的极端而错误的思想，有了独立的思想和见解，也开启了自己喜欢的生活。

第三，独立思考。

做选择之前，不要人云亦云，要按照自己的感受和想法独立思考问题。在经过充分的考量和权衡利弊之后，再按下那个"同意键"，这样才不至于被别人牵着鼻子走。

最后，我们要管理好自己的情绪，遇见不愉快的事情要能自我消化、自我梳理，不要依赖别人，只有精神上自给自足，才能让自己真正地"站立"起来。

阅读提示：

掌握拒绝的技巧，让你不再被情绪勒索

我们都曾遇到这样的情景：明明知道自己想要拒绝，而且有必要拒绝的时候，却变得哑口无言了。为求在别人心目中留好印象，我们只好接受别人提出的一些要求。然而，有很多事情并不是想办就能够办得到的。受客观条件、个人能力等方面的限制，有的事情凭一己之力是根本无法完成的。所以，当有人求你办事，并采用情绪勒索时，你就必须考虑是否有能力办成这件事情。倘若没有十成的把握，就应诚实地告诉对方，学会说"不"。千万不要随便夸下海口或碍于情面硬着头皮答应下来，否则等待自己的将是苦果。

你和别人在人格上完全是平等的，别人的需求不比你的需求重要，甚至你自己的需求有的时候更重要一些。请尊重自己的需求，按照自己的想法去行事，给别人帮忙这件事，永远不应凌驾在你自己的需求和感受之上。你可以帮忙，但是帮忙是你的意愿，而非你的责任。如果你不想帮忙，帮不上忙，或也绝不是什么罪过。

以下方法，能帮我们迅速掌握拒绝的技巧，对情感勒索者说"不"。

第一，拒绝之前认真倾听他人的需求。

当别人对我们提出某些要求时，我们一开始不要抱着敌意与之对抗，而是先倾听对方的诉求，这样做的目的是确切了解对方的目的，同时表达对请求者的尊重。

第二，拒绝时坦诚相告。

当对方提出的要求让你无法当场决定时，可以明确地告诉对方，自己需要考虑考虑。当你觉得无法满足对方的需求，需要拒绝时，应该坦诚相告。当然，如果你觉得这种直接拒绝的方式太过伤人，也可以采取如下几种方式拒绝。

1. 委婉拒绝

用温和委婉的语言表达拒绝的意思。比如："不好意思，我最近投资了一个项目，手头也有点儿紧，没办法施以援手，深表抱歉。"

2. 补偿式拒绝

如果你觉得拒绝会让对方受伤，或者怕被人认为你自私，不好相处，也可以采用补偿式拒绝，如"抱歉，虽然不能给你提供帮助，但我有几个不错的建议，或许对你有用"。

3. 沉默式拒绝

当对方对你提出很过分的要求，或者带有挑衅和侮辱的表情时，你可以沉默以待，以静制动，静观其变。虽然沉默的你并没有向对方传递任何信息，但沉默比语言给对方带来的心理压力更大。

4. 回避拒绝

这种拒绝方式，简单来说，就是"顾左右而言他"。暂时将对方的请求搁置，转而谈论别的事情。如果对方比较聪明，就能体会到你的意思，从而不再为难你。

当你用以上几种方法还是无法摆脱对方的纠缠，他们甚至用生气威胁或可怜无助的姿态胁迫你，那便是情绪勒索无疑了。这个时候，我们不要被对方勒索的姿态和手段吓倒，要先评估对方勒索的目的，然后再拿出相应的对策。比如，对方夸奖你能力好，业绩突出，为人热情，且乐于助人，实质是想让你帮他分担本属于他的工作。

了解勒索者的目的后，再考量一下自己若拒绝会承担什么样的后果。比如，你拒绝分担额外工作，可能会遭受同事的诋毁，也可能遭受同事的辱骂和责怪，还有可能遭到同事的排挤等。做好这些心理准备，才能更好地打好反情绪勒索战。

当然，为了尽快结束纷争，赢得胜利，也可以使出下下策，拉更多的人进来一起负责。比如："我不是不愿意帮忙，而是这个确实不合常规，如果我开了这个口子，那整个公司的员工都会觉得受到了不公正的待遇，大家都会敌视你。"另外，也可以把情绪勒索者拉过来一起负责，如"这个详细流程我不清楚，我要帮你做的话，你得给我详细示范几遍……"。

良好的关系从对情绪勒索者说"不"开始。说"不"固然代表拒绝，但也代表一种选择。当你说"不"的时候，等于选择了一种与对方截然不同的立身处世的状态。勇敢说"不"并不一定会给你带来麻烦，反而能替你减轻压力。想活得潇洒自在一点儿，活得有原则一点儿，就十分有必要学会说"不"。

结语：

SOS 策略摆脱情绪勒索

情绪勒索是一种常见的人际交往问题。当你遇到恐吓性、攻击性、感伤性、掌控性的情绪勒索时，可以按照心理治疗学家苏珊·福沃德提出的SOS策略应对，从而摆脱情绪勒索。

第一，停下来（stop）。

遇到情绪勒索时，不要愤怒，不要焦虑，更不要急于自证清白、驳斥对方，应该让自己停下来。

停下来之后告诉自己：我不必立刻回复情绪勒索者的任何要求。如果对方不断催促，那就告诉他："这件事情让我先想一想，稍后再给你答案。"

第二，冷静观察（observe）。

俗话说，"当局者迷，旁观者清"。试着把自己放在旁观者的角度看待问题，客观回顾情绪勒索者的要求，再审视自己的反应。然后扪心自问，对方提这种要求究竟是出于什么目的，他们的内心活动是什么样的；听到他们的要求之后，自己的身体和情绪反应是什么；如果答应这个要求，对自己意味着什么；他们的要求里哪些是自己能接受的，哪些是不能接受的。冷静思考这些问题，可以为接下来制定策略做好铺垫。

第三，制定策略（strategize）。

情绪勒索者的要求一般可以分为三种：无关紧要的要求、可能影响自我完整性的要求、重大决定。

第一种要求，因为无关紧要，所以可以妥协让步。针对第二种、第三种要求，可以采取非防御性沟通的策略。比如，"我理解你的想法""你说的有一定的道理"。和正面对抗相比，这种处理方式可以降低发生冲突的概率，更有利于双方解决问题。

另外，不妨化敌为友的策略。苏珊·福沃德说："人们不喜欢被攻击，但是非常乐于帮助别人解决问题。"当一个人被情绪勒索、进退两难时，不妨邀请勒索者一起想办法解决问题，以此转移谈话的方向，改善双方关系。

比如，妻子因为怕黑，非要丈夫留下来陪她。但是丈夫又因为工作忙，不得不加班到深夜。这个时候丈夫可以这样说："这次加班是领导的硬性规定，我不得不这样做。但是我也能理解你的心情，你能告诉我，我应该怎么做才能让你更好受一点儿吗？"最后他们约定，丈夫一边加班，一边打开视频"云陪伴"妻子。

还可以通过条件交换的策略化解情绪勒索，达成共赢的局面。当然，为了避免双方起冲突，我们还可以采用一些幽默的策略缓和气氛。

妻子和丈夫外出爬山，爬到一半的时候，妻子已经累得气喘吁吁了。她看了看一旁的一对情侣，向丈夫抱怨道："你看那个男生，女朋友累的时候会把她背在背上，你就不能这样做吗？"

丈夫幽默地回应道："当然可以，不过我目前跟人家的女朋友不太熟。"妻子的本意是要丈夫背自己，而丈夫则有意曲解她的意思，委婉地表达了自己不愿意那样做的本意。这种幽默的回复方式可以避免伤害对方的自尊，破坏双方的情谊，非常值得大家借鉴。

亲爱的读者，你值得过更好的生活！衷心希望大家摆脱情绪勒索，大胆地向情绪勒索者说"不"，活出属于自己的精彩人生！